세월호, 허베이호 해상재난

- 과학적 해부와 제도개선 -

추천의 글

정태권(한국해양대학교 명예교수, 한국항해항만학회 전회장)

솔엔 글로벌 정대진 대표의 『세월호, 허베이호 해상재난』이라는 제
목의 저서는 세월호와 허베이 스피리트호 사고의 해상 재난에 대한 원
인을 합리적인 기반에서 분석하고 이에 대한 대처 방안을 제시하였다.
이를 통하여 앞으로 이와 유사한 사고의 재발 방지에 도움이 되었으면
하는 소망을 가져 본다.

세월호 사고는 2014년 4월 18일 전라남도 진도군 조도면 인근 해상
에서 탑승 인원 476명 중 304명의 희생자가 발생한 참사 사건으로 희생
자 중 단원고등학교 학생의 수많은 꽃다운 목숨을 앗아간 페리보트의
전복 사고이다. 이 사고의 근본적 원인은 복원력을 갖추지 못하여 발생

한 것이나 사고 후의 세월호 승무원, 관계 기관 등의 대처 등이 미흡하여 결과적으로 다수의 희생자를 발생하도록 하여 국민적 공분을 일으킨 사고였다. 필자는 검찰측에서 주장한 조타 미숙으로 인한 대각도 변침이 사고를 유발한 것이라는 것에 대하여 언론을 통하여 조타기 솔레노이드 밸브의 고장이 대각도 변침이라고 주장한 바 있다. 필자의 말대로 누구의 편도 아닌 대한민국의 편에서 세월호 사고 원인 조사에 대하여 보다 적극적인 관심을 가지고 연구하여 소위 전문가라고 하는 분들이 제시하는 의견에 대하여 합리적인 근거를 들어 조목조목 반론을 제기하고 있다.

또한 제2부의 허베이 스피리트호의 해양오염 사고는 2007년 12월 7일 충청남도 태안군 앞바다에서 삼성중공업 소속의 예인선 2척이 해상 크레인 부선 삼성1호를 예인하여 항행하던 중 예인줄의 절단으로 부선 삼성 1호와 대산항에 입항하기 위하여 닻 정박 중이던 허베이 스피리트호와 충돌하여 3개 화물창에 파공이 생겨 원유 12,547kl를 해상에 유출시켜 이로 인해 태안군 양식장, 어장 등 8천여 헥타아르가 원유로 오염된 사고이다.

필자는 충돌의 원인을 항행 중인 예인선과 정박한 허베이 스피리트호 측면에서 밝히고 있으며 충돌사고 발생 후 허베이 스피리트호의 해양오염 대응 조치가 부적절하게 이루어졌음을 관련 증거 자료를 통하여 제시하고 있다.

이 두 가지의 사고를 통하여 우리가 얻을 수 있는 교훈은 무엇인지 생각하는 시간을 갖는 것도 좋다고 생각한다.

사고란 확률로 발생하는 것이기에 우리가 아무리 노력을 한다고 하여도 사고 발생을 0으로 할 수 없다. 그러나 우리의 노력에 따라서 적어도 사고의 발생 확률을 줄일 수 있고 또 발생한 사고의 피해를 최소화할 수 있음은 자명한 일이다. 이런 점에서 사고와 관련한 당사자의 편이 아닌 '대한민국의 편'에서 합리적인 시각으로 두 사고의 원인을 분석에 따라 실행 가능한 대안을 제시한 이 책은 높게 평가하여도 지나치지 않다고 생각한다.

앞으로 유사한 사고가 발생하지 않도록 항해자, 선사, 관리회사, 관련 기관과 단체, 관련 교육기관 등은 저자가 제시한 안에 대하여 보다 적극적인 관심을 가지고 이를 시스템적으로 갖추어 우리나라가 진정 선진 해운국으로서의 위상을 갖길 빌어 마지 않는다.

2022년 3월
항해안전 연구실에서

들어가며

　이 책은 온 국민과 세계에 슬픔과 충격을 주었던 세월호 침몰의 원인으로 알려졌던 급선회를 '물리의 법칙'으로 설명하며 교수님과 학회장님들의 인정을 받아 논란의 여지를 해소하였다. 또 필자의 비공개 강의에 의하여 해양경찰청장의 임명과 구조·안전국의 신설, 연안구조정, 여객선의 국내 건조 등 제도개선이 획기적으로 이루어져 다시는 세월호 같은 사고가 발생할 수 없는 안전한 바다가 되고 있다.

　실로 참사가 발생한 2014년부터 7년, 허베이 스피리트호의 해양오염 재난으로부터는 14년 만이며, 또 과거의 경험들도 녹여서 출판하게 되니 감개무량하다.
　남은 개선점은 정부 당국에 도움이 되도록 간결한 도표와 설명을 보충하였다. 그리고 '허베이 스피리트호' 해양오염사고에 관하여서는 필자가 학회, 해양경찰 본청, 한국환경정책평가연구원 등에서 발표, 강의하였던 내용을 정리하여 2000년 이후 우리나라에서 발생한 두 번의 큰 해상재난을 상세하게 설명하였다.

곳곳의 안전 불감증과 불합리한 제도가 모여 큰 재난으로 확대되는 과정을 분명하게 깨달아 생명을 보호하여 안전하고 해양환경을 보호하여 깨끗한 바다로 항상 국민의 사랑받는 바다가 되기를 간절히 소망한다.

선박의 항해사와 기관사들에게 도움이 되도록 조타기 고장을 예방하거나 고장에 신속히 대응하는 능력을 길러주도록 많은 사례들의 조사와 '비상조타훈련' 방법의 개선 등에 함께 수고해 주신 정태권 전 한국항해항만학회장님과 사고의 원인과 제도개선을 보도하신 문화일보 정충신 부장님께 특별한 감사를 드립니다. 필자에 앞서 많은 조사로 도움이 된 '세월호 선체조사 위원회'와 김창준 위원장님의 노고에도 깊은 감사를 드립니다. 한중일 여객선 안전 국제세미나를 개최하여 제도개선에 도움을 주신 고려대 해상법연구센터 소장 김인현 교수님, 법정증언을 함께 해주신 김진동 전 인천지방해양안전심판원장님과 목포해양대 정대득 교수님, 한국해양대 선원문제연구소 전영우 교수님께도 감사를 드립니다. 또 한국해양대학교, 목포해양대학교와 한국해양수산연수원의 여러 교수님들과 실습선 한바다와 새유달호 선장·기관장님들, 대학 동기 윤영섭 전 한주상운 사장, 김종헌 선장, 진형섭 기관장과 조언을 주신 동문들과 전 해경연구소장 채홍기님 및 많은 분들의 격려와 도움 덕분에 이 책이 탄생할 수 있었으며 자료와 사진을 제공하여 주신 박종대님께도 특별한 감사를 드립니다.

또한 흔쾌히 출판하여 주신 '글마당'의 최수경 대표님과 하경숙 총괄 국장님께도 깊은 감사를 드립니다.

오랫동안 성원해준 가족들은 필자에게 더 없는 힘이 되었기에 고마움을 보냅니다.

끝으로 번잡한 도시를 떠나 강원도 속초시 설악동에서 성당과 숙소를 오가며 기도와 함께 사심없이 정성을 다하여 쓰도록 이끌어 주신 지혜와 진리의 근원이신 하느님, 감사합니다.

세월호를 비롯하여 해상사고로 별이 되신 영령들의 평화의 안식을 기도합니다.

2022년 3월

강원도 설악동에서

세월호 사고를 통찰한 정대진의 명언

1. **사람이 가장 위험한 화물이다.**
   * 여객선의 본질은 사람의 생명의 소중함에 있다.

2. **서해 바다의 위험과 승객 생명의 소중함이 같으면 안전기준도 같아야 한다.**
   * 여객선은 항행구역보다 생명안전이 우선이다.

3. **육군 장군을 해군참모총장으로 임명하면 안 된다.**
   * 육경(陸警)을 해경청장에 임명하여 전문성이 없었다.

4. **기본 임무에 맞는 조직개편이 필요하다.**
   * 임무 중심으로 해경 조직에 구조·안전국이 신설되었다.

5. **바다는 겸손하고 준비된 자에게 안전을 허락한다.**
   * 평소에 유사시를 대비한 교육, 훈련이 중요하다.

6. **훈련된 조직으로 사고에 대응하는 지휘관이 없었다.**
   * 작은 해상사고가 큰 해상재난으로 확대되었다.

차례

 세월호 해상재난의 연구와 제도개선

01 세계가 몰랐던 침몰의 급선회, 요약

02 필자의 법정증언

03 세월호 선체조사위원회

03 세월호 선체조사위원회

허베이 스피리트호 해양오염 재난 연구

01 들어가며

02 허베이호와 크레인선단의 충돌 원인

03 해양오염 대응의 적절성

04 몇 가지 법률적 문제

05 충돌 및 오염사고의 교훈

06 맺는말

부록

제3부

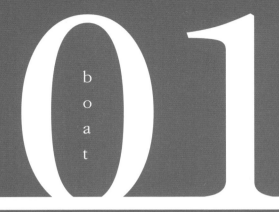

01
b
o
a
t

사람이 가장 위험한 화물이다.
여객선의 본질은 사람의 생명의 소중함에 있다.

세월호 해상재난의 연구와 제도개선

1. 세계가 몰랐던 침몰의 급선회 요약

구분		급선회 원인	비고
검찰 전문가 자문단 서울대, KRISO	X	조타미숙으로 대각도 변침에 의한 외방경사 1심판결(복원성 불량)	* 조타미숙 및 대각도 변침: 고법, 대법원에서 배척됨. * 판결문에 인양하여 정밀 조사.
일본 동경상선대 와타나베 교수	X	복원성 불량으로 경사 선체 양측 저항의 차	* 요령부득의 설명.
한국 세월호 선체조사 위원회	X	복원성 불량 조타기 고장 (유압 SV 고착)	조타기 제조사의 최종 보고서: * 장시간 정지와 발청이 문제. * '고착' 아닌 '눌림'의 표현 사용. * 3항사, 타수 : 조타기 정상 진술
영국 브룩스 벨	X	조타기 고장 (유압 SV 고착)	상 동
한국 SOL-EN GLOBAL 정대진	◎	복원성 불량으로 선체경사가 원인 * 누구나 인정하는 물리의 법칙	* 선체 전복은 조타미숙이 아님. * 급선회는 선체 양측의 수압의 차 급증 : 837배 * 해양계 교수, 학회장 등 다수 인정

* 자세한 설명은 67~68쪽에 있으며, 필자에 앞서 조사, 연구하여 주신 분들의 노력에 감사 드립니다.

검찰 : 자문단장 "세월호, 대각도 조타·화물 탓에 기울어"

세월호 침몰 원인을 조사한 검경 합동수사본부 전문가 자문단이 세월호가 기운 것은 부실한 배가 소화하기 어려운 대각도 조타, 과적 화물의 영향 때문인 것으로 분석했다.

중앙해양안전심판원 선임 심판관을 지낸 ○○○ 전문가 자문단장은 16일 광주지법 형사 11부(임정엽 부장판사) 심리로 열린 세월호 승무원들에 대한 15차 공판에 증인으로 출석했다.

그는 사고의 인과관계를 조타(우변침), 2단계 급 우선회, 3단계 횡경사, 침수·침몰 등 4단계로 나눠 분석했다. 당시 조타수가 조타기를 5° 가량 오른쪽으로 돌렸다가 타효(조타효과)가 없자 15~35° 가량 조타를 심하게 해 배가 30° 가량 왼쪽으로 기울면서 침수와 침몰로까지 이어졌다는 것이다.

그는 "복원력 계산을 한 결과 세월호가 대각도 조타로 선회하면서 생긴 횡경사 각도는 20° 가량인 것으로 보인다"며 "급작스럽게 횡경사가 (10°) 더해진 요인은 물(평형수), 사람(승객)도 아니고 화물 밖에 없다."고 단정했다.

자문단은 검찰에 제출한 보고서에서 '당직 조타수가 항해 중 복원성이 극히 불량한 세월호를 조타 미숙으로 대각도 조타한 것이 원인이 됐다'는 소결론을 내기도 했다.

[광주=연합뉴스 손상원 기자]

필자의 반론

위의 사고 원인 분석은 사고 현장과 맞지 않으며, 승선 경험의 부족으로 운항의 실무에 정통하지 못하니 상선의 표준 실무(=Best Practice)와도 맞지 않는 치명적인 약점을 안고 있었다.

전문가 그룹들의 논리의 파탄

1. 다년간 숙달된 타수가 갑자기 마지막 5°를 조타미숙으로 대각도 조타를 하였다는 논리는 성립되지 않는다. = **논리성의 파탄**
2. 전속항해 중 대각도 변침은 잘못된 논리이다. = **과학성의 파탄**
   (1) 자동조타인 경우는 타각 3° 이내로 타가 작동된다.
      = **현실성, 과학성**
   (2) 수동변침인 경우는 타각 5°로 나누어 타를 조작한다
      = **상선의 표준 관행**

21

(3) 수동변침 타각 10°이면 선체저항이 급증하여 엔진에 연료공급도 급증하고 엔진의 폭발압력의 급증으로 위험하게 된다.

= 상선 표준관행에 위반, 안전에 역행

3. 해상상태는 양호, 조류도 가장 약하여 조타에 아무런 지장이 없었다.

= 현실성의 파탄

4. 앞에 충돌위험의 선박도 없어, 대각도 조타를 할 이유가 없었다.

= 현실성의 파탄

5. 선체가 30° 좌경사되면 우현 프로펠러는 과속도 비상정지되고 좌현 프로펠러만 작동되므로 추진력의 불균형으로 급선회 심화의 요인을 간과했다. = 과학성의 파탄

6. 솔레노이드 밸브가 고착되면 대각도 변침도 사고를 유발한다.

= 현실성(=사례)의 파탄

* 솔레노이드 밸브가 고착되면 타가 중앙으로 올 수 없다.

v.s. 올 수 있다. = 과학성의 파탄

필자가 김영란 전 대법관이 지은 『판결을 다시 생각한다』라는 책을 읽고, 법원에서 증언할 때에는

(1) 논리성은 상대를 압도하며 시종일관하여 모순이 없을 것

(2) 과학성은 주장들이 과학에 기초할 것

(3) 현실성은 사고의 현장에 적합할 것(동종의 사례 중요)

(4) 수학성은 모든 주장의 계산은 정확할 것

위의 네 가지 요소인 논리성, 과학성, 현실성, 수학성을 갖추어야 한다고 생각하였다. 다시 하나씩 자세하게 전문가 자문단들의 논리를 살펴보자.

항적을 분석하면 타수의 조타 미숙은 오판

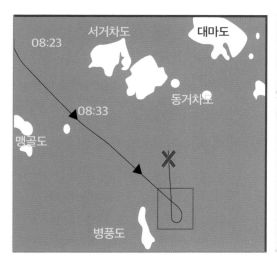

07:30 3항사 당직 인수, 침로 165° 20Kts
08:32 맹골수도 통과 시작 19.4Kts
08:42 병풍도 변침점 침로 135° 19.4Kts

기관장은 법정에서 타수가 타륜을 잡고 "타가 안돼!안돼!"라고 외쳤다고 진술하였다.

* 타수의 순간적, 무의식 상태에서 외침은 진실. 조타기 고장 또는 다른 원인을 조사하여야 한다.

침로 165°에서 사고 직전 135°까지 30°를 5°씩 소각도 변침을 잘한 타수가 갑자기 "조타미숙으로 15°이상의 타각을 40초간 유지했다."는 검찰의 주장은 사고유발 및 처벌의 명백한 이유로서 성립하지 않는다.

필자가 법정에서 "대각도 변침하는 것을 누가 보았습니까?" 반문했는데, 순간 검찰측은 아무 설명이 없었고 적막만 흘렀었다. 정곡을 찌르는 반박을 만나니 조선공학을 전공한 검사들일지라도 선박 운항의 체험이 없어서 감당할 수 없었음은 당연하였다.

갑자기 미숙한 타수가 될 수 없다

* 타수는 숙련된 사람들이다.

── 사례 1 ────────────────────────

필자의 한국해양대학교 동기생으로 항해학과를 졸업한 친구는 "내가 옛날에 선장이었을 때에 항해 중 변침한다고 타륜(舵輪, 핸들, steering wheel)[1]을 잡아서 돌렸는데, 정침(定針)[2]을 하지 못하고 계속 구불구불하였던 경험이 있다."고 하였다.

만약 타수가 정침을 하지 못하였다면 당장 타수로서 자격이 없다고 말하였을 것이다.

그러나 선장인 자신은 명령만 하였지, 직접 타륜을 잡고 타를 조종하는 일이 숙달되지 않아 못하여도 비난하지 않는다. 그것은 선장의 일이 아니라 타수의 일이기 때문이다.

── 사례 2 ────────────────────────

선장이 성실하게 직무를 잘 수행하는 갑판원을 타수로 승진시켜야 되겠다고 생각하면, 그 취지를 관계자들에게 알리고 타수로서 직무를 잘 수행할 수 있도록 사전에 훈련을 시킨다.

즉 일과(日課) 후에 당직타수가 승진 예정의 갑판원을 조타실로 불러서 조타 요령을 설명하고 실습을 시킨다. 그리고 다시 당직타수와 갑판원이 같이 조타실에서의 항해당직을 보면서 실제로 타를 조작하게 하여 숙달시키는 일을 필자는 과거 승선 중에 목격한 일이 자주 있었다.

타수는 타수가 되기 전에 이미 타의 조작요령을 배우고 숙달 과정을 거친 사람들이다.

* 세월호 사고 당시의 타수는 갓 승진한 타수가 아니라 타수가 된지 오랜, 숙련된 타수였다.

선회하는 선박은 경사하는데 이에 따른 선체 저항이 증가되고, 선회 원심력의 영향과 타의 저항이 작용하여 추진 효율이 저하된다(선박조종론 P29 박병수 외 부경대학 출판부).

대각도 변침은 타와 선체의 저항증가로 저하되는 기관회전수의 회복을 위하여 기관에 연료공급이 100% 이상으로 급증하며 폭발압력도 같이 급증하여 위험하다.

---

1) 선박에서는 흔히 선장(항해사)이 타수에게 "타, 잡아라!"라고 명령한다.
2) 선박이 항해하여 가는 방향을 유지하는 일

자동조타 항해의 타각은 3°

* 전속항해 중 자동조타의 타각은 모든 선종이 3°이다. 수동변침은 5°의
  타각을 사용한다.

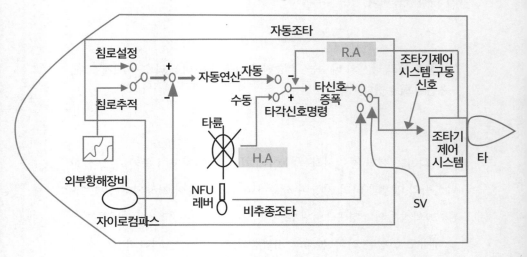

Helm Angle : 명령타각 Rudder Angle : 선회타각

[그림1] 항해기기론 세종출판사 2012 한국해양대학교 교수 정태권, 이은방

* 자동/수동 조타 = [추종조타] : 타는 타륜(Steering wheel)의 방향과 각도대
  로 선회한다.
* Follow-up의 'up'에는 '위'의 뜻에서 확장되어 '끝까지'라는 뜻이 있어서
  추종조타가 된다.
* NFU : Non Follow Up = [비추종 조타] : 타의 선회가 '전등의 On-Off'처
  럼 이루어진다.

26

* 상선의 관습은 5°씩 나누어 변침한다. 승선 중 조타실에서 선상교육을
  실시!

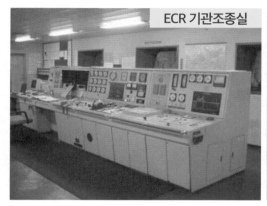

선회하는 선박은 경사하는데 이에 따른 선체 저항이 증가되고, 선회
원심력의 영향과 타의 저항이 작용하여 추진효율이 저하된다.

(선박조종론 P29 박병수 외 부경대학 출판부)

대각도 변침은 타와 선체의 저항 증가로 저하되는 기관 회전수의 회
복을 위하여 기관에 연료공급이 100% 이상으로 급증하며 폭발 압력도
같이 급증하여 위험하다.

항해 중 수동변침 타각은 5° : 타각 10°는?

필자가 보관하고 있는 기록에 의하면 사건은 2003년 4월에 발생하였다. 오후에 기관실에서 정비작업을 열심히 하고 있었는데 갑자기 주기관(主機關) 안에서 쾅~쾅하는 굉음(轟音)이 나서 깜짝 놀람과 동시에 기관제어실(Engine Control Room, ECR)로 뛰어 들어가서 살펴보니 기관에 연료공급지침(FUEL INDEX)이 100%까지 올라가서 떨어지지 않고 있었다.

조타실에 전화하여 2항사에게 무슨 일이 있는지 물어보았더니, 수동변침 중이며 타각은 10°를 사용하였다고 하였다. 그래서 차분히 "5°씩 나누어서 해야 된다."라고 말했다.

다음날 아침에 선장에게 간단히 설명하고 점심식사 후에 조타실에 선장과 항해사 전원이 모인 후에 '전속항해 중 타각 10°의 변침을 한다면 기관실에서는 어떤 상황이 발생하는지, 왜 5°씩 나누어 해야 하는지를 설명하는 선상(船上) OJT[3]를 가졌었다. 그리고 2항사에게는 "전속항해 중 10°의 급변침을 반복한다면, 회사에 보고하면 해고이다."라며 조용히 타일러 주었다.

이때에 나는 "아! 이런 기초적인 사항도 우리는 가르치고 배워야 안전운항을 위한 기초가 탄탄하게 되겠구나!"하고 느꼈었다. 이런 경험이 있었기에 세월호 사고의 원인으로 '전속항해 중 15° 이상의 대각도 타각을 40초 간 유지했다.'는 사실에 조금도 동의할 수 없었다.

또한 세월호의 사고 원인이 정확히 밝혀지지도 않고 끝날 수도 있다는 생각이 들어 반드시 바로잡아야겠다는 결심을 굳게 하였었다.

필자는 세월호 사고의 원인을 규명하기 위하여 많은 사람들을 만났는데, 의외로 전속 자동항해 중에는 타각이 몇 도의 범위에서 움직이는지 또 전속항해 중에 수동변침할 경우에 타각은 몇 도를 써야 하는지를 명확하게 알지 못하는지라 선박실무에 허술함을 느꼈었다. 현장에서 자세히 관찰하고 기록하고 왜 그렇게 하는지 이유를 연구해 보지 않으면 정통할 수 없고 중구난방의 원인만 된다.

1.3 타각을 40초나 유지하였다는 논리

필자는 과거 승선 중 항해 중일 때에는 오전과 오후, 하루에 2회 타기실로 가서 30분 정도 자세히 관찰하였으며, 정박 중에는 가끔 2항사를 타기실로 불러서 건조 당시에 실시하였던 '조타기 시험 기록'을 보며 성능이 그대로 유지되고 있는지 시험과 필요한 정비를 함께 하였었다.

---

3) OJT에서 On the Job Training은 사내 또는 작업현장에서의 교육·훈련을 의미하고, Off the Job Training은 회사를 벗어나 외부기관에서 받는 교육·훈련을 의미한다. 선박에서는 OJT를 Onboard the Job Training이라고 알고 있는 사람이 많다.

조타기는 분명히 항해장비인데 항해사들이 타기실의 점검, 정비를 거의 모르기 때문에 선장이 되기 전에 항해사로서 조타기를 알아두는 좋은 기회라고 설명하면 항해사들은 대부분 기꺼이 참가하였었다.

건조 당시의 시험 기록을 보면 예를 들어 '우현 35°'에서 좌현 30°까지 타를 선회시키는데 걸리는 시간은 'SOLAS협약'에는 28초로 규정되어 있지만 조타기 제조사들의 표준은 약간의 여유를 두어 약 20초였다 (조타기 안전/경보 시험, 정비 6항 참조).

5° 변침하는데 2초면 타의 선회는 충분하고, 잠깐 기다려서 선수가 돌면 선체도 동시에 힘차게 선회한다. 5°는 아주 작은 각도이므로 곧장 '미드쉽'에서 다시 반대쪽의 타와 '미드쉽'하여 5° 변침의 조타가 완료된다. 5° 변침에 40초간 타각 유지는 너무 긴 시간이다.

실제사례

2007년 11월 7일 홍콩 선적(船籍)의 중국 선원들이 승선한 '코스코 부산(Cosco Busan)호'가 짙은 안개가 낀 미국 샌프란시스코에서 베이 브릿지(Bay Bridge)와 충돌한 사고와 관련하여 조사관들이 조타기를 시험하니 한쪽 35°~다른쪽 30°까지 19초 걸렸다고 보고하였다.

즉, 타는 (35+30)°/19초 = 3.42°/초 회전하므로 2초면 충분히 5°가 돌아간다(NTSB/MAR-09/01 PB 2009-916401 page 86/161 참조).

조타기 안전장치 / 경보 시험, 예방정비, 비상훈련 : 승선 중

항목	기간	날짜	결과	서명
1. Emergency Steering Drill(비상조타훈련)	3개월			
2. Hyd. oil Tank Level Low				
1)Alarm 2)Auto. Shut off of Isolation valve	6개월			
3)Auto. Start of S/B Hyd. Pump	6개월			
3. Hyd. oil Tank Level Low-Low				
1)Alarm 2)Auto. Stop of Hyd. Pump in Trouble	6개월			
4. Auto. Change of Hyd. Pump Motor by				
1)No Volt. 2)Overload	6개월			
3)Phase failure 4)Control Power failure	6개월			
5. Communication Test(Auto.Tel/Talk Back/General Alarm)	3개월	승선 중에 매일 점검 포함하여 약 30 항목 PMS 실시		
6. Performance Test(Rudder Swing Test. 표준 20초) : 성능시험	6개월			
7. Cleaning Line Filter/Pump Suction Filter(Very Important)	6개월			
8. Cleaning Inside of Hyd. oil Tanks(Very Impor-tant!)	30개월			
9. Hyd. oil Analysis	6개월			
10. Inspection of Rudder Bearer/Trunk	6개월			
11. Special Tool and Spare Parts	6개월			
12. Inspection of loose Wirings and Clean Dust				
1)Steering Stand in W/H	12개월			
2)Auto. Pilot Starters 3)Steering Gear Starters	12개월			
13. Insulation Resistance Check of Motors	6개월			
14. Greasing Motors and Linkage etc	3개월			

*필자는 승선한 많은 선박에서 년 2회 6항의 타의 성능시험 및 다른 예방정비 항목들도 실시하였다.

양력은 유속의 제곱에 비례

필자가 과거 dwt 4만 5천 톤 LPG선에 승선하였을 때 주기관 제어반(=Engine Control Console)이 조타실 안 우측에 있었다.

입·출항 때에는 사전에 기관실에서 준비 상태를 점검, 확인한 후에 조타실로 가서는 주기관 회전수(Engine speed)를 조정하며 선장의 조타 명령, 타수의 조타, 선체의 선회를 잘 살펴보는 기회를 가졌었다.

그 당시의 느낌은 일단 선수가 돌기 시작하면 이어서 힘차게 선체가 선회하는 모양을 보았으며, 왜 그렇게 되는지는 알지 못하였다.

세월호 사고의 원인을 연구하면서 더 알게 된 점은, 타를 좌·우 어느 쪽으로 움직이면 타의 양쪽 유속의 차에 의한 양력이 발생하고 이 양력이 선수를 조금만 선회시키면 다시 선체의 양쪽에 유속의 차에 의하여 발생하는 양력이 선체를 힘차게 선회시키는 사실을 알게 되었다.

타에 발생하는 양력은(프로펠러의 회전에 의하여 빨라진) 유속의 제곱에 비례[4]하는데 당시 전속 항해 중이었으므로 타에 대한 양력이 신속하고 크게 발생하여 선수의 선회가 신속하게 이루어진다. 이어서 선체의 선회 또한 빠르게 이루어진다. 그러므로 5° 변침에 40초 간 타각 유지는 너무 긴 시간으로 생각된다.

---

4) 선박 구조 교과서 P172 전종훈 옮김. 이케다 요시호 지음. 보누스 2018. 9. 5.

법정증언 :

한국선급규칙 제5편 제2장 제2절 내연기관 203. 1 조속기 : 프로펠러가 노출되면 정격RPM 120%에서 과속도 정지된다(클러치가 있거나 CPP인 경우).

1만톤 Ro-Pax선[5] 선장:

한쪽 추진기 정지의 경우 추진력 불균형에 기인한 선회는 타각 7°에 해당

* 선체경사 따라 타는 떠올라 타효의 감소 또는 상실은 자명(自明)하다.
  =조타 각도대로 선체가 선회되지 않는다. (=선체경사된 '아리아케호' 선장)
  = 좌우현 추력(推力)의 불균형은 급선회를 심화(深化)시킨다.

---

5) Ro-Pax : 'Ro는 Roll-on and roll-off, 즉 차주가 차를 운전하여 승선, 하선하고 Pax는 Passenger(승객)를 줄인 말'이다. Ro-Ro선은 흔히 승객과 차량을 싣는 연안여객선에서 많이 사용하지만 정확하게는 '차량운송 전용선'을 의미한다.

주기관 과속도 비상정지가 필요

또한 세월호의 선체가 30° 가량 경사되면 우현(右舷) 프로펠러는 거의 ½이 수면상으로 올라와 물의 저항을 받지 않으므로 기관 회전수가 급격하게 상승하고 선급규칙에 의하여 '과속도 정지'를 하게 된다. 따라서 좌현(左舷) 프로펠러만 돌아가므로 급선회를 심화(深化)시키는 요인이 된다.

회전하는 물체의 원심력은 F= mω²r = mυ²/r로서 속도의 제곱에 비례하므로 엔진의 회전축계에 손상을 가져올 위험이 있어 엔진을 보호하기 위하여 조속기(調速機, Governor)와는 별도로 '과속도 정지장치'를 엔진에 설치하는 것이 선급규칙이다.

위에 살펴본 바와 같이 선체경사에 따른 우현 프로펠러의 과속도 정지는 명백한 사실임에도 전문가 그룹의 검토에서는 소홀하였다. 3~4개월의 짧은 기간에 사고원인을 분석하느라 생략하였을 것이다.

그리고 한가지 더 중요한 사실은 선체경사에 따라 타(舵)도 떠올라 타효(舵效)도 감소 또는 상실되는 사실은 15쪽 사진을 보면 자명(自明)하다. 따라서 사고의 분석은 타효가 몇 도때까지 유효한지를 먼저 밝혔어야 옳은 것으로 생각된다. 그러나 이 또한 짧은 시간에 해결될 수 없는 문제였을 것이다.

한국선급규칙 제5편 제2장 제2절 내연기관 203.1 조속기

(1) 주기관에는 조속기를 장비하고 연속 최대 회전 수의 115%를 넘
지 아니하도록 조정하여야 한다. 또한 연속 최대출력이 220kw
이상으로서 클러치를 뗄 수 있거나 가면 피치 프로펠러를 구동
하는 주기관은 조속기와 별도로 구동되는 과속도 방지 장치를
장비하고, 연속 최대 회전 수의 120%를 넘지 않도록 조정하여
야 한다.

(2) 발전기를 구동하는 기관에는 6편 1장 202의 2항 및 3항에 규정
하는 조속기를 장비하여야 한다. 또한 연속 최대출력이 220kw
이상인 경우에는 조속기와는 별도로 구동되는 과속도 방지장
치를 장비하고 연속 최대 회전 수의 115%를 넘지 않도록 조정
하여야 한다.

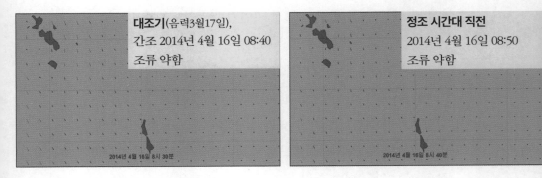

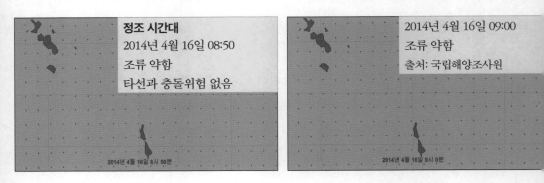

1심 판결문 P54. 13~P55. 3 : 사고 당시의 조류는 약 0.5노트로서…

* 세월호가 운항한 맹골수도~병풍도의 조류는 최강 6.7노트인데 당시 0.5
  노트여서 아주 약한 때였다.

* 해상 상태 양호, 약한 조류, 전방에 타선이 없어 충돌 위험도 없으니 대
  각도 조타를 할 이유가 없었다.

2. 필자의 법정 증언

'대한민국 편'의 법정증언 :

2015년 2월 26일 오후 안산을 방문하여 당시 유가족 측 진상규명 분과장을 맡으셨던 박종대 님과 함께 몇 분을 만나서 '법정증언'을 하러 나간다고 하였더니, 누군가 "어느 편입니까?"라고 물어서 "대한민국 편입니다. 저는 대학을 국민 세금으로 공부했습니다. 나라에 은혜를 갚으려고 합니다. 사고의 원인을 정확히 알게 되면 유족들께서는 해원(解寃)이 될 것이고, 선원들은 잘못한 만큼의 벌을 받으면 공정하고, 저는 여객선 기관장을 하였었는데 장래의 사고를 예방하면 나라에 좋겠습니다. 이의 있으신가요?" 라고 했더니 "없습니다."고 대답해 주셔서 필자도 마음이 가벼워졌다.

대각도 변침이 잘못된 것임을 주장하려면 3항사측 증인으로 법정에 나가야 되었기에 수소문하여 이○○ 변호사님께 연락하였더니, 바로 "변론하는데 돈을 바랍니까?"

"아닙니다. 사고의 원인을 정확히 밝혀서 예방이 목적입니다. 무료로 증언하겠습니다."

"그러시면 증언할 PPT를 만들어 보내주세요."라고 하셔서 증언하러

나갈 수 있게 되었다.

그리고 증언하는 날에는 김진동 대학 선배님을 만났는데 전 인천지방해양안전심판원장을 역임하셨던지라 대각도 변침이 아니라 복원성 불량이 사고의 원인이라 주장하셔서 3항사와 조타수에게는 유리한 증언이 되었다. 목포해양대학교 교수님 한 분도 같은 취지로 증언하였다.

'세월호의 과학적 진실'을 탐구하여

'타수의 조타미숙으로 인한 대각도 변침'보다는 솔레노이드 밸브[6] 고장에 의한 대각도 변침의 가능성이 더 높은 것으로 판단한 필자의 견해가 2014년 10월 7일 문화일보 30면에 [세월호의 과학적 진실]로 보도된 바가 있었다.

법정증언에 나갈 PPT를 준비하는 한편 중앙해양안전심판원에도 솔레노이드 밸브 고장을 검토하도록 전하였다.

_____

6) 솔레노이드 밸브(Solenoid valve, SV, 전자밸브) : 선박의 뒷꽁무니에 있는 타를 좌우로 회전시키기 위한 유압의 방향을 제어하는 전자(電磁)밸브이다.

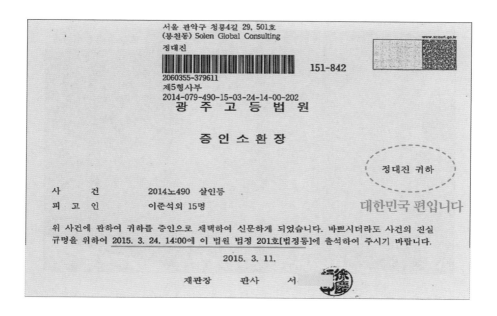

서울 관악구 청룡4길 29. 501호
(봉천동) Solen Global Consulting
정대진

www.scourt.go.kr

2060355-379611
제5형사부
2014-079-490-15-03-24-14-00-202

151-842

광 주 고 등 법 원

증 인 소 환 장

정대진 귀하

| 사 건 | 2014노490 살인등 |
| 피 고 인 | 이준석외 15명 |

대한민국 편입니다

위 사건에 관하여 귀하를 증인으로 채택하여 신문하게 되었습니다. 바쁘시더라도 사건의 진실
규명을 위하여 2015. 3. 24. 14:00에 이 법원 법정 201호[법정동]에 출석하여 주시기 바랍니다.

2015. 3. 11.

재판장   판사   서

* 법정에서 양쪽의 유가족 측과 3등 항해사 모친을 만났지만 '대한민국 편'
  이라는 점에서 마음 편하게 증언하였다.

Marine Insight

* 검찰은 유압에 의해서만 타가 돌아간다고 주장했다. 실제로 타는 정지 중 조류가 강한 곳에서는 흔들리며 돌아간다. 유압에 의해서만 타가 돌아간다는 것은 잘못된 고정관념이다.

* 타에 대하여 유압은 선체 내부에서, 조류는 선체 외부에서 타를 돌리는 외력이라는 점에서 같다.

광주고법에서 타의 선회에 관하여 법정증언을 하였을 때, 검찰은 유압에 의해서만 돌아가며 필자는 조류에 의해서도 가능하다고 치열한 논쟁이 벌어졌었다.

솔레노이드 밸브가 고장인 경우

검찰은 SV가 고장인 경우 가령 우현측 35°까지 타가 계속 선회하여 대각도 변침이 되었다면 다시 중립의 위치로 올 수가 없는데, 침몰 전의 세월호의 타각은 중립에 가까우므로 SV 고착은 아니고 조타미숙으로 인한 대각도 변침이라고 주장하였다.

필자는 SV 고착으로 타가 한쪽의 끝까지 갔더라도 조타기 정지 중에 조류가 강한 곳이면 유압의 작용이 없더라도 타가 조류에 의하여 선회할 수 있으므로 중립의 위치까지도 올 수 있다고 주장하였다.

과거 8만 톤 탱커의 기관장으로 근무하였을 때 선장으로부터 하역 중에 타가 중립 위치에서 너무 돌아가 선체가 흔들린다면서 바로 세우겠다고 하여 조타기 유압펌프 전원을 켰던 일을 몇 번 경험하였다.

세월호가 사고가 난 곳은 조류가 아주 강한 곳으로 인근에는 조류 발전을 하는 곳이기도 하다.

과연 타는 유압에 의해서만 선회할 수 있고, 조류에 의하여 선회할 수 없는지 검토해 보자.

제조사 '카와사키 중공업'이 선체조사위원회(이후 선조위라 약칭)에 제출한 보고서에서 유압 회로도를 보면 강한 조류가 타에 작용하여 회전시키려 할 때에는 릴리프 밸브(Relief valve)가 열려서 유압유(hydraulic oil)가 A에서 B로 순환하므로 조류에 의하여서도 타의 선회가 가능한 것을 알 수 있다(도면 : 川崎重工業(株) 精機事業部 하야시카네조선소 SN 1006 전동유압 舵取機 P. 8/41).

이상으로 전문가들의 논리는 완전히 파탄되었다. 오랜 선박 현장에서 자세한 관찰과 분석, 연구를 통한 체득이 없고 선급규칙과 국제협약들도 간과함은 선입견의 가설에 입각한 공학적 분석일 가능성이 높다. 그 결과로 3항사와 타수는 1심에서 5년의 중형을 더 선고받았을 뿐만 아니라 국민들을 오도(誤導)하였다.

오도는 장래의 사고를 예방할 수 없게 한다. 선박 현장의 전문가가 없는 조사는 반쪽이다.

세월호 조타기 유압회로 : 일본 가와사키 RV21-086

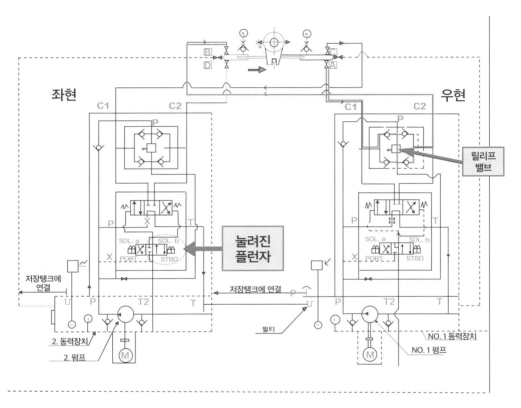

* 조타기 정지 중 조류에 의해 타가 회전시 릴리프 밸브가 열려 A→B 간 油순환한다. 유압회로에서도 조류에 의하여 타가 돌아갈 수 있음이 확인된다.

* 조류가 타를 돌릴 때 유압유 순환이 안 되면 유압라인 내의 압력이 높아져 터지는 것을 예방하기 위하여 릴리프 밸브가 있다.

THE LMO/ILO PROCESS FOR INVESTIGATING HUMAN FACTORS

A21/Res. 884

The following is process that provides a step-by-step systematic spproach for use in the investigation of human factors. The process is an integration and adaptation of a number of human factor frameworks-SHEL(Hawking, 1987) and Reason's(1990) Accident Causation and generic error-modelling system(GEMS)frameworks, as well as Rasmussen's Taxonomy of Error(1987).

The process can be applied to both types of occurrences, i.e., accidents and incidents. The process consists of the following steps:

1. collect occurrence data(자료수집)

2. determine occurrence sequence(사고의 진행순서 규정)

3. identify unsafe acts / decisions and unsafe conditions; and then fof each unsafe act/ decision(안전하지 못한 행동 및 환경 확인)

4. identify the error type of violation(실수나 법 위반 확인)

5. identify underlying factors; and(사고의 밑바탕에 놓여 있는 요인들)

6. identify potential safety problems and develop safety actions.

   (잠재 안전 문제들과 안전 조치들 확인)

Steps 3 to 5 are useful to the investigation because they facilitate the identification of latent unsafe conditions. Step 6, the identification of potential safety problems, is based extensively on what factors were identified as underlying factors. St times, an unsafe condition may be a result of natural occurrence; in that case, the investigator may junp from step 3 to step 6. At other times, an unsafe act or decision may result from an unsafe condition which itself was established by a fallible decision; in such a case, the investigator should proceed lthrough steps 3 to 6.

* 선박사고 분석 전문가는 작은 조각들의 정확한 의미를 알아 전체를 파악할 수 있어야 한다.

전문가 증인인 정**(솔렌 글로벌 컨설팅 대표)은 이 법정에서 조타기에 전원이 끊겼다가 다시 들어오면 러더가 미집에 원위치한다고 진술하고 있다. 세월호가 좌현으로 기운 이후 세월호의 전원이 끊겼다가 다시 들어온 사실이 있으므로 정*의 위 진술에 의하면 솔레노이드 밸브 고착 현상이 발생하였더라도 세월호의 러더가 사고 이후 미집에 위치하고 있는 현상이 설명된다. 검사는 유압으로 작동시키지 않은 이상 러더가 스스로 돌아가지는 않는 것을 확인했다고 주장하면서도 그에 대한 근거 자료를 제출하지 않고 있다.

(5) 그 밖의 프로펠러 오작동 가능성

이 사건 사고 당시 조타기가 정상적으로 작동하였다고 하더라도, 세월호는 프로펠러가 2개이고 타가 하나인 이른바 '2축 1타선'인데 2축 1타선의 경우 엔진 이상 등으로 좌현 쪽 프로펠러만 작동하고 우현쪽 프로펠러는 작동하지 않는 현상이 발생하였다면, 추진력 차이로 인하여 세월호가 급격하게 우선회 할 수도 있다.

*조타기 제조사와 전문가의 자문을 받은 검찰의 주장이 파탄!

라) 결론

물론 이 법원에 변호인이 제출한 증거 자료나 기존 증거들에 의하더라도 조타기에 솔레노이드 밸브 고착 현상 등의 고장이 발생하였거나 프로펠러가 오작동 하였다고 단정할 수 없다. 세월호를 해저에서 인양하여 관련 부품들을 정밀히 조사한다면 사고 원인이나 기계 고장 여부 등이 밝혀질 수도 있다. 그러나 형사재판에서 증명책임은 검사에게 있으므로 사고 원인을 모를 때에는 피고인들에게 유리하게 판단할 수밖에 없다. 따라서 사고 당시 조타기나 프로펠러가 정상적으로 작동하였는지에 관하여 합리적인 의심이 있는 이상 피고인 조○○에게 우현으로 대각도로 조타한 업무과실이 있고 피고인 박○○에게 대각도 조타에 관한 감독 의무를 소홀히 한 과실이 있다고 단정하기 어렵고 달리 이를 인정할만한 증거가 없다. 그럼에도 피고인 박○○, 조○○에게 조타와 관련한 업무과실을 인정한 원심 판결에는 사실을 오인하여 판결에 영향을 미친 잘못이 있다. 따라서 피고인 박○○, 조○○의 이 부분 주장은 이유 있다.

* 검찰의 논리가 파탄되니 2심 재판부는 '인양하여 조사하면 밝혀질 수도 있다.'라고 판결하였다.

대   법   원

판   결

사건   2015도6809 가. 살인

　　　　　　　　　① 피고인 이○○에 대하여 일부 제1 예비적

　　　　　　　　　 죄명 및 일부 인정된 죄명: 특정범죄가중

　　　　　　　　　 처벌 등에 관한 법률 위반, 제2 예비적 죄

　　　　　　　　　 명: 유기치사

원심판결   광주고등법원 2015. 4. 28 선고 2014노 490 판결

판결선고   2015. 11. 2

주   문

상고를 모두 기각한다.

* 검찰의 논리는 파탄되고 세월호는 침몰되어 없으므로 증명할 아무것도
없는 상고는 기각될 수 밖에 없었고, 고등법원의 판결대로 확정되었다.

3. 세월호 선체조사위원회

선체조사위원회 종합보고서	①본권1(내인설) ②본권1(열린안) ③본권2(인양) ④부속서1 ⑤부속서2 ⑥부속서3 ⑦부속서4 2018. 8. 6. 총 2,568쪽

* 많은 조사를 하여 주신 전문위원님들과 조사관들의 노고에 감사드립니다.

1. 외인설(外因說) : 외력에 의한 전복, 침몰을 주장. → 틀렸음

  * 네델란드 시험수조에서 모형시험에 의하여 '근거가 없음'으로 판명
  되었다.

2. 내인설(內因說) : SV 고착에 의한 대각도 변침이 사고의 원인

   → 틀렸음

  * 브룩스 벨(Brookes Bell)도 내인설을 주장 → 틀렸음

[참고]* SV(솔레노이드 밸브) 이상 부위 위치에 따라 침몰 전 / 침몰 후로 서
     로 다르다.
* 마린(MARIN) : 세월호의 모형으로 항주, 침몰, 침수 실험을 한 세계적으
   로 유명한 네덜란드의 해양시험연구원.

1) 08:49 급선회가 자이로 컴퍼스(Gyro compass)의 세차운동의 결과가 아닐 가능성

아리아케(Ariake호)의 사고 보고서는 선체경사가 45°를 넘으면 자이로의 성능을 신뢰할 수 없다고 하였으나, 세월호는 정상 상태와 큰 차이 없이 작동하는 것으로 보고되었다.

2) 핀 안정기(Fin Stabilizer)의 핀의 과도한 회전

핀의 정상 최대 회전각인 25°를 초과하여 51°까지 회전되었으며, 핀 샤프트(Fin Shaft) 표면과 내부 보스(Boss)부 표면에 긁힌 자국이 있었다.

3) 차량의 이동에 따른 충격적인 가속도

블랙박스에서 복원된 영상들에서 횡경사에 의하여 미끄러진 차량에 가해진 가속도 충격이 통상의 선회에서 발생하는 가속도(0.02G)의 약 50배로 평가되었다.

위의 이유들은 뒤의 '급선회의 비밀'이 풀리면서 해결되어진다.

핀 안정기 손상 : 선조위 조사, 외력의 근거 없다

"선체 결함 등으로 침몰"…"외력 가능성 배제 못해"

* 50여 명의 전문 조사관들이 채용되어 사고의 원인을 다각도로 조사하
였으나 승선체험이 없는 전문위원들이 '외인설'을 주장하여, 결론은 양
분되었다.

선체외부 상태, 잠수함과 충돌 등 없다

사진 제공 : J.D. Park

* 승선 경험이 많은 선장, 기관장이나 선박회사의 공무감독들은 이런 선체
  를 보면 한 눈에 잠수함 등의 충돌은 없었다고 판단한다.

* 모 전역 해군 제독 : 잠수함은 수심 깊은 곳에서 은밀하게 작전하며, 맹
  골수도 같은 곳에는 가지 않는다.

핀각도 50.9°, 외력의 실체 없다

* 핀 안정기의 핀의 작동은 최대 25°이나 좌현 측 핀이 50.9°까지 회전되어 있었다.

* 선수 갑판에 실었던 철근, 컨테이너 박스 등이 바다에 투하되면서 접촉했을 가능성이 높다.

핀 안정기 : 좌현 핀각도 25° → 50.9° 외력 없었다

* 선수 갑판상 중량물인 컨테이너, 철근, 파이프 등이 바다로 추락하며 핀
과 충돌하여 손상을 주었을 것으로 추정된다.

첫째 세월호는 어떻게 넘어졌는가?

세월호를 인양한 뒤 선체조사위원회는 선미 타기실에 있는 2번(좌현) 타기 펌프의 유압장치(솔레노이드 밸브)가 고착된 것을 발견했다. 타기 펌프의 파일럿 밸브가 중립 위치가 아니라 한쪽(A측)에 가깝게 밀린 상태에서 멈춰 있었다.

사고 당시 조타수가 소각도 조타했을 때 B측 솔레노이드가 고착되었던 것이다. 그 결과로 세월호의 타를 우현 방향으로 돌리는 압력이 계속 작용하여 조타실에서 통제할 수 없는 우선회가 발생했다. 고착 이후에 조타수가 좌현으로 조타를 했더라도 배가 우선회하는 것을 막을 수는 없었을 것이다. 뱃머리가 오른쪽으로 돌면서 선체가 좌현 쪽으로 기울어지기 시작했다.

해양 자문 및 감정 업체 브룩스 벨(Brookes Bell)의 분석에 따르면 세월호가 좌현으로 18°에서 20° 정도 기울었을 때 일부 화물이 미끄러지기 시작했고, 잠시 후 대규모로 화물이 이동하면서 배가 45° 이상 빠르게 기울었다. 솔레노이드 고착으로 우현 방향 급선회가 시작되었을 때 복원성이 좋지 못한 배가 20° 가까이 기울었고, 이때부터 화물이 이동해 배가 회복할 수 없을 정도로 크게 기운 것이다. 세월호는 출항 당시에 이미 복원성 기준을 여럿 위반한 상태였다.

* 가와사키중공업(川崎重)이 세월호 조타기 분해, 점검할 때 선조위, 유가족, 브룩스 벨이 참관하였다.
* 가와사키중공업의 솔레노이드 측 플런저 '눌림'을 해양계의 교수들은 '솔레노이드 밸브 고착'이 사고의 원인이라 결론 내렸다.

브룩스 벨 : 세계적 구난업체도 틀렸다

사무실(Office)	77명 (총인원)
리버풀	20
시드컵(런던)	17
글라스고	16
상하이	5
홍콩	6
싱가폴	13

분야(Field)	77명 (총인원)
항해(Master Mariners)	14
기관(Marine Engineers)	17
조선공학(Naval Architects)	15
토목공학(Civil Engineers)	2
연료화학(Consulting Scientists) (Tribologist, Fuel Chemist)	12
화재감식(Fire Investigators)	2
손해사정(Loss Adjusters)	4
금속전문가(Metallurgists) 비파괴검사(NDT Specialist)	4
침수 시뮬레이션(Software)	7

* 16만 톤급 초호화 여객선 노르웨이 크루즈(Norwegian Cruise)에 비상 대응 훈련 소프트 웨어를 제공하는 등 세계적 유명회사로 용역비는 12.7억 원이었고, 내인설을 주장하여 사고 원인 규명에 실패했다.

* 내인설이란 SV(솔레노이드 밸브) 고착이 침몰의 급선회를 유발하였다는 주장이다.

타수, 사고시 조타기 정상 : 부속서2, P47~48

그러나 진술인 박○○(49)과 조○○(50)는 사고 직전 조타기 모드에 대하여 "맹골수도 진입 전 수동조타모드로 변경했다"고 진술이 일치했으며, 진술인 박○○은 맹골수도 지날갈 때 당직타수가 "병풍도 지날 때 타가 잘 잡히네. 자동 놔도 되겠어"라고 했지만 본인은 위험수역이므로 수동으로 잡아야 한다고 생각하고 듣는 척도 하지 않았고 '수동으로 계속 갑시다' 이런 식의 얘기는 하지 않았지만 "수동으로 잡았던 것은 확실하며, 이는 본인이 수동으로 잡고 가는지 확인했었기 때문이다"라고 진술했다.

진술인 조○○(조타수)는 기존 검찰 조사에서 사고 이후 이○○ 선장이 우현으로 돌아가 있는 타각지시기를 보았다는 진술에 대하여 "그 분이 그렇게 확인한 것인지 모르지만 저는 조타기를 좌현으로 사용한 것으로 기억합니다. 또한 목격자가 잘 못 봤다고 생각합니다"라고 진술하며 사고 당시 좌현 조타 방향을 주장했고, 조타기를 좌현으로 변침한 후 타각지시기를 확인했냐는 질문에 "처음 좌현 5° 변침할 당시 타각 지시기가 좌현 5°로 작동하는 것을 확인했다"고 진술했다.

그리고 선조위 진술조서에서는 사고 이후 타각 지시기와 관련하여 "선장이 조타실에 들어오기 전, 처음에 사고가 막 나고 얼마 안 될 때까지는 타각이 왼쪽으로 갔던 것으로 기억한다"고 진술했다.

* 당직 타수가 조타기는 정상으로 작동했다는 진술은 무시되었다.

56

솔레노이드 밸브 '누름'의 의미

목포해양대학교 실습선 '세계로호'

* 이 핸들은 솔레노이드 밸브가 고착되었거나, 고착되었다고 가정하고 실
시하는 비상조타훈련 때에 조타실의 지시에 따라 S 또는 P쪽을 누른다.

이 그림에서 '누른다'는 말은 '외력'을 의미함을 분명히 알 수 있다.

일본 가와사키중공업 보고서 : 철심(Plunger) 눌림

라) 솔레노이드 밸브 고장 현상 발견

솔레노이드 밸브 고장 여부 확인을 위한 용역검사를 수행했다. 결과 보고는 별첨 1. 솔레노이드 밸브 고장 현상 용역 결과로 첨부했다.

용역주관 업체인 타기 제조사는 솔레노이드 고착 현상에 대한 선조위의 자세한 설명 요청에 대하여 'B솔레노이드 측에서 눌려진 상태(스풀이 중립이 아닌 상태)'라는 표현을 사용했다. 본 보고서에서는 솔레노이드 고착이라는 표현 대신 눌림을 사용하도록 한다.

**가와사키
중공업**   **선조위**

눌림 ≠ 고착

Pushed   Stick

외력   내부발생

58

일본 가와사키중공업 SV 분해, 점검 보고서

Kawasaki Heavy Industries, Ltd.

Nishi-Kobe Works
234, Matsumoto, Hasetani-cho, Nishi-ku, Kobe 651-2239, Japan

Doc. No. G00003277

DATE : 2018 년 02 월 23 일

최종보고서 수정요구 질의에 관한 회신

① 좌현(PORT) 유압유닛 운전 중에 전자밸브 솔레노이드가 우현(STB -D) 방향으로 절환된 상태에서, 타는 우현 방향으로 움직입니다(그림 1 참조).

② 우현 유압유닛을 작동시켜서 좌현 방향으로 타를 움직이려고 한 상태에서는 우현 유압유닛은 전자밸브 솔레노이드가 좌현 방향으로 절환되어 타를 좌현 방향으로 움직이려고 합니다만 좌현 유압유닛은 전자밸브 솔레노이드가 우현 방향으로 절환된 그대로이고, 타를 우현 방향으로 움직이려고 하므로 서로 역방향으로 기름을 흘려 보내므로 타를 움직이는 것은 불가능합니다(그림 2 참조).

6. 통상, 푸시로드에 움푹 패인 곳이 생겨도 스풀 움직임에 방해를 받는 일은 없습니다. 장시간 정지되어 있으면서 습동부에서 발청 등의 현상이 생기지 않는다면, 스풀이 안 움직이게 되는 일은 생기기 어렵다고 생각합니다. 따라서 추가의견을 제시할 수 없습니다.

* 장시간 정지와 발청은 침몰 후의 상태이다.

운항 중 선박의 침로 : SV와 타는 계속 작동

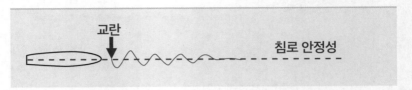

교란

침로 안정성

* 바다에는 바람, 파랑, 조류 등이 있어 배가 똑바로 갈 수 없으므로 솔레노이드 밸브와 타는 계속 작동하므로 녹슬지 않는다.

일본해사협회 기술정보

운항 중 축계의 변화

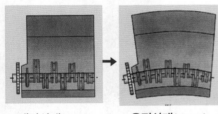

냉각상태(Cold)   운전상태(Warm)

유체역학적 추진력에 의한 굽힘 모멘트

프로펠러가 회전하면 중심보다 위쪽에는 보다 큰 추력이, 아래쪽에는 작은 추력이 발생한다. 이 때문에 편심추력이 굽힘모멘트 Mp로 되어 프로펠러에 작용한다.

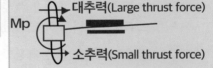

Mp

대추력(Large thrust force)

소추력(Small thrust force)

항해 중 배의 뒤에서 보는 해수의 흐름은 선체의 중심면에 대하여 비대칭(Non-Symmetry)이므로 바람, 파랑, 조류 등이 없는 경우에도 선박은 똑바로 갈 수 없어 솔레노이드 밸브는 계속 작동한다.

철심 주위의 솔레노이드에 직류 전류가 흘러 열이 발생하여 건조해지므로 녹슬지 않는 환경이다.

한국선급규칙 : 박스 보호형식

한국선급규칙 제6편제1장 전기설비 표6.1.6 보호형식의 적용

보호 형식 종류	설치 장소의 상황	설치 장소의 구체적 예
방폭형 기기	폭발의 위험	유조선 등에 있어서의 위험구역, 축전지실, 램프실, 용접용 가스 용기 창고, 위험하다고 간주되는 선창, 도료고, 인화점이 60℃ 이하의 기름용 파이프 터널
IP20	충전 부분과의 접촉 위험	건조한 거주구, 제어실, 감시실
IP22	적수(滴水)의 위험 및(또는) 보통의 기계적 손상	기관실 및 보일러실의 상판(床板) 이상, 조타기실, 냉동기계실, 비상용 기계실, 양식고
IP34	물의 위험 및(또는) 기계적 손상의 증대	폐쇄된 연료유 분리기실, 폐쇄된 윤활유 분리기실, 밸러스트 펌프실, 냉동실, 조리실, 샤프트 터널
IP55	방사수(噴流)의 위험, 중대한 기계적 손상, 연무(증발기체)의 침입, 화물찌꺼기 존재	일반 화물창, 개방 갑판
IP56	파랑에 노출됨	파랑을 받을 우려가 있는 개방 갑판
IPX8 (방수형)*	水中(잠수) 상태에 노출됨	빌지 웰(=오수가 모이는 웅덩이)

* 조타기 실의 SV는 'IP22'이면 되는데, 방수형 IPX8이 아니므로 침몰 전후의 상태가 같다는 보장이 없다.

IP는 Ingress Protection 침입보호를 뜻한다(국제전기협회 IEC 60529 참고).

솔레노이드 밸브 DC, AC 특성 비교

* 세월호 솔레노이드 밸브의 전원 : DC 24V, 1.5A, 전압과 전류가 일정하다.

항목	DC 솔레노이드	AC 솔레노이드
솔레노이드 극성의 변화 및 그 영향	▶ N, S극의 위치가 불변이다.	▶ N, S극의 위치가 전원 주파수와 동일한 빈도로 바뀐다. ▶ 흡인력의 변화로 인하여 소음(웅~)이 발생한다(흡인력 변화를 방지하려면 보상 코일이 필요하다).
응답 시간, 충격 및 소음의 발생	▶ 스위치 개·폐 시 응답시간이 비교적 길다. ▶ 스위치 개·폐 시 충격 및 소음이 적다.	▶ 스위치 개·폐시의 응답 시간이 짧다(동급인 DC솔레노이드와 비교하여 1/3~1/2 정도이다). ▶ 스위치 개·폐 시의 충격 및 소음이 크다
플린저의 구조	▶ 일체형 천심으로 제작되므로 튼튼한 구조이다	▶ 와전류에 의한 손실을 줄이기 위하여 적층한 규소 강판으로 제작한다. 기계적으로 튼튼하지 못하기 때문에 잦은 개·폐에 따른 충격에 견디기 어렵다.
허용 스위칭 주파수	▶ 1초당 4회까지 작동시켜도 과열의 위험이 적다. ▶ 스위칭 주파수가 높은 용도에 적합하다.	▶ 1초당 1회 이상 작동시키면 과열, 소손의 위험이 있다.
플린저가 행정도 중 고착되었을 때의 안정성	▶ 과열, 소손의 위험성이 없다.	▶ 과열 소손의 위험성이 있다(유침형의 경우 1~1.5시간이 지나면 소손된다).

출처 : 유압공학 이일영, BRKR 공저, P201 문운당 2판 2019. 2. 25.

유압공학, 이일영 교수, 문운당

서울시청 근처에서 볼일을 마치고 잠시 '서울도서관'에 들어갔었다.

공학 코너에서 이일영 교수 님의 '유압공학' 책이 있어 펼쳐보니 솔레노이드 밸브 에 관한 설명이 잘 되어 있 어 놀랐다.
하느님 감사합니다.

나에게 꼭 필요한 책이 있는 곳에 이끌어 주셨다는 생각이 들었다.

"지혜는 자기를 갈망하는 이들에게 미리 다가가 자기를 알아보게 해 준다."
(구약성서 지혜 6, 13)

"내 증언과 선조위 주장 완전 달라…추가 조사해야"

문화일보 제7664호 3판 2018년 8월 6일 월요일 8면 종합

정대진 솔렌글로벌 대표 반박
"용도폐기 충돌설도 담겨 한계"

■ 선박사고분석전문가 정대진(71·사진) 솔렌 글로벌 대표는 선체조사위원회가 6일 조사결과 보고서에 병기한 내력설과 외력설을 정면으로 반박했다.

정 대표는 2014년 4월 16일 세월호 침몰 후 대변침 원인이 조타수의 실수가 아니라 조타 장치에 유압을 공급하는 솔레노이드 밸브 고착에 의한 현상일 가능성을 처음 주장해 학계의 관심을 모았다.

정 대표는 6일 문화일보와의 통화에서 "선조위가 주장하는 식의 내력설은 찬성할 수 없다"며 "솔레노이드 밸브 고착 원인에 대해서 제가 광주고법에서 증언한 솔레노이드 스풀(spool) 부분 문제와 선조위의 솔레노이드 밸브 철심 부식 주장

은 질적으로 완전히 다르다"며 "철심이 녹슬어 고착된 것은 장기간 수압을 받은 것으로, 세월호 침몰 후에 발생한 것으로 판단된다"고 밝혔다. 정 대표는 "따라서 선박은 파도, 바람 및 조류 등이 전혀 없더라도 똑바로 갈 수 없으므로 정해진 침로(항로)로 가기 위해서는 끊임없이 솔레노이드 밸브가 작동해 타를 제어해줘야 한다"며 "솔레노이드 밸브가 계속 작동한다는 것은 밸브에 전류가 흐르고 이에 따라 열이 발생해 솔레노이드 내부 공기의 습도가 낮아진다는 의미이므로, 왕복운동을 계속하는 철심은 녹슬 수 없는 환경에 놓여 있다"고 덧붙였다.

그는 "코일이 감겨 있는 솔레노이드와 왕복운동부인 철심의 환경을 생각해보면 세월호의 경우 직류 DC 전원으로 작동되며 유압유는 솔레노이드 측에 출입이 전

혀 없는 드라이 타입(dry type)"이라고 전제했다. 또 "DC 전원인 경우 스풀 고착 시에도 솔레노이드가 손상되지 않는 것이 특징"이라며 "솔레노이드 외부는 통상 알루미늄 케이스이며 패킹으로 솔레노이드 밸브 본체에 조립돼 있어 공기의 출입이 거의 없으며 물줄기를 쏘더라도 물의 침입이 어려운 거의 밀폐된 환경"이라고 주장했다.

정 대표는 "원인을 찾아내지 못하고 내력설과 잠수함 충돌에 의한 외력설을 병기한 것이 선조위 조사 결과의 한계"라고 지적했다. 그는 "외력설인 잠수함 충돌설은 애시당초 억측이라 생각됐고 세월호 인양 후에 선체에 별다른 충격을 받은 흔적이 없어 용도 폐기된 주장으로 알고 있었다"며 "최근에 좌현 선체가 균열된 손상이 발견됐으나 조사가 이뤄지지 않았으므로 추가 조사가 필요한 것으로 생각된다"고 밝혔다.   정충신 기자

* 솔레노이드 밸브의 눌림이 사고의 원인이 아니라는 필자의 과학적인
  주장에 대하여 누구의 반박도 없었다.

3. 3 동경상선대 와타나베 교수 : 요령 부득의 설명

'세월호 침몰'의 불편한 진실 2014. 4. 27. 'SBS 방송'의 20:54 ~

일본 동경상선대학교 와타나베 교수 :

인천항 출항 때부터 침몰의 원인이 있었습니다. 시한폭탄을 싣고 운항하였습니다. 화물이 추락, 타효는 없고, 키(=타)는 듣지 않는데 프로펠러는 돌아 배는 앞으로 가려고 합니다.

절반 왼쪽 부분은 침수되어 엄청난 저항을 받고 이쪽은 저항이 없습니다. 추력(推力)은 있습니다. 그 결과 배가 오른쪽으로 미친 듯이 도망쳐 갈 수 밖에 없습니다.

쉽게 이해되지 않는 요령부득의 설명

선박의 선회에 대한 원리와 설명하는 용어가 적절하지 않아 저항, 추력과 급선회의 관계에 대한 설명이 쉽고 명확하게 이해되지 않는다.

따라서 잠깐 주의를 끌었으나 많은 사람들의 관심을 받지 못하고 잊혀졌다.

선박의 선회 : 2개의 양력에 의하여

영국항해학회 : 타의 작용(우현으로 선회할 때)

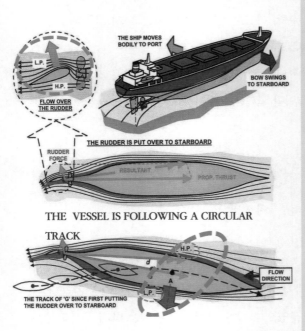

THE SHIP MOVES BODILY TO PORT

L.P.
H.P.
FLOW OVER THE RUDDER

BOW SWINGS TO STARBOARD

THE RUDDER IS PUT OVER TO STARBOARD

RUDDER FORCE
RESULTANT
PROP. THRUST

THE VESSEL IS FOLLOWING A CIRCULAR TRACK

H.P.
d
A
L.P.
FLOW DIRECTION

THE TRACK OF 'G' SINCE FIRST PUTTING THE RUDDER OVER TO STARBOARD

〈통상의 우선회〉

1. 타를 우현쪽으로 돌리면

2. 타의 양측에 양력이 발생

3. 선수가 우측으로 선회
 (선체의 무게 중심을 기준으로)

4. 선체의 양측에 양력 발생

5. 선체가 힘차게 선회한다.

* 양력 : 초등학교 과학!
 (비행기가 뜨는 원리)

급선회의 비밀 : 유레카, 하느님 감사합니다.

2019년 4월 29일 중고서적 '알라딘 서울대점'에서 필자는 책이 진열된 서가에서 '선박 구조 교과서'라는 책을 발견하고 호기심으로 읽어 보기 시작하였었다.

128쪽에 '물에서 이동하는 배에는 큰 저항이 작용한다. 이런 저항은 물의 높은 밀도가 주요 원인이다. 물의 밀도는 공기보다 약 800배나 높다. 저항은 밀도에 비례해서 커지는 성질이 있으므로 물속에서는 공기 중에 비해 약 800배의 저항이 작용한다.'는 설명을 보자 번개처럼 '유레카'가 나의 머릿 속을 스쳤다.

세월호는 우선회하는 중에 발생한 사고였으므로 좌현이 고압, 우현이 저압인 양력의 작용으로 선체가 힘차게 선회하려고 하는데, 선체가 경사되면 좌현은 수압면적이 증가하는데 비하여 우현은 수압면적은 줄고 공기압 면적이 증가하므로 해수와 공기의 밀도차이 만큼의 압력이 좌현 측에 증가하며 LCG에 작용하여 급선회 한다는 사실을 깨닫게 되었다.

이 역시 하느님께서 책을 '알라딘 중고 서적'에 두시고 필자를 그곳으로 이끄셨다는 생각이 들었다.

지혜와 힘이 하느님의 것이니 (구약성서 다니엘서 2, 20)

3. 4 급선회는 선체 양측 수압차 급증 : 정대진의 주장

세월호는 우선회 중에 선체가 좌현으로 급경사되어 고압부 수압면적은 급증하고, 저압부 수압면적은 급감하여(=공기압 면적 급증) 수압차가 급증하니 급선회하였다.

필자의 주장을 여러 해양학계의 교수, 학회장에 문의하여 옳다는 인정을 받았다.

표준대기온도 15°C에서 해수밀도는 1,025Kg/m³, 공기밀도는 1.225 Kg/m³이며, 1,025/1.225 = 836.7배의 수압차 급증이 원인이다(=누구나 인정하는 물리의 법칙).

선회는 선수·미 방향의 무게 중심(LCG, Longitudinal Center of Gravity)을 중심으로 이루어진다. 당시 LCG는 선체중앙(midship)에서 선미 방향으로 13.3m 지점에 있었다(세월호 종합보고서 부속서2 P183).

선체가 경사되면 타는 떠올라 타효는 감소·상실되는데 선조위는 타각에 집착한 결과, 네덜란드의 시험수조에서 400회 시험하여도 원인 불명이었다.

사고로 선체 경사된 Ro-Pax선 3건 전부 급선회하였고 방향은 경사된 반대 측이었다.

항적도 : 주기관 정지 시간 오류, 부속서2, P361

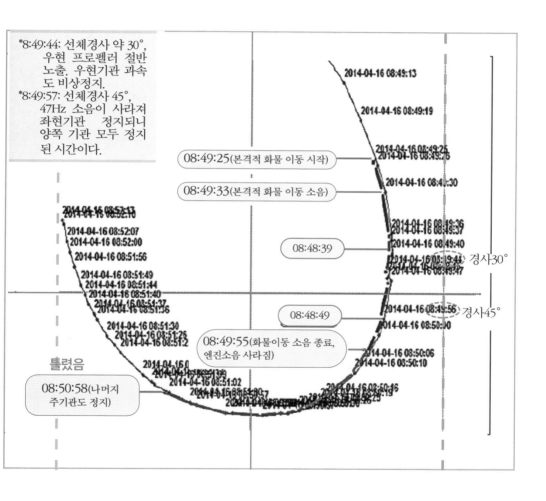

*8:49:44: 선체경사 약 30°, 우현 프로펠러 절반 노출. 우현기관 과속도 비상정지.
*8:49:57: 선체경사 45°, 47Hz 소음이 사라져 좌현기관 정지되니 양쪽 기관 모두 정지된 시간이다.

2014-04-16 08:49:13
2014-04-16 08:49:19
2014-04-16 08:49:25
2014-04-16 08:49:30

08:49:25(본격적 화물 이동 시작)
08:49:33(본격적 화물 이동 소음)

2014-04-16 08:49:36
2014-04-16 08:49:39
2014-04-16 08:49:40

08:48:39

2014-04-16 08:49:44 경사30°
2014-04-16 08:49:47

2014-04-16 08:52:13
2014-04-16 08:52:10
2014-04-16 08:52:07
2014-04-16 08:52:00
2014-04-16 08:51:56
2014-04-16 08:51:49
2014-04-16 08:51:44
2014-04-16 08:51:40
2014-04-16 08:51:36

08:48:49

2014-04-16 08:49:56 경사45°
2014-04-16 08:50:00

2014-04-16 08:51:30
2014-04-16 08:51:26
2014-04-16 08:51:2

08:49:55(화물이동 소음 종료, 엔진소음 사라짐)

2014-04-16 08:50:06
2014-04-16 08:50:10

틀렸음

2014-04-16 0
2014-04-16 08:51:02
2014-04-16 08:51:0
2014-04-16 08:50:5

08:50:58(나머지 주기관도 정지)

2014-04-16 08:50:49
2014-04-16 08:50:45
2014-04-16 08:50:25

69

주기관 정지시간 : 부속서2 P357

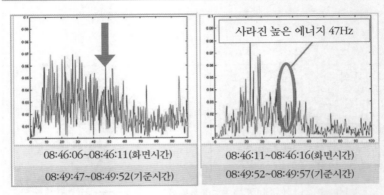

08:46:06~08:46:11(화면시간)

08:49:47~08:49:52(기준시간)

08:46:11~08:46:16(화면시간)

08:49:52~08:49:57(기준시간)

[그림 9] 084608FP(2014. 4. 16. 08:46:06~08:46:16 / 08:49:47~08:49:57) C-갑판으로 해수 유입

[그림 9]에서는 화물이 모두 무너지고 8시 46분 16초(기준시간 8시 49분 57초) 경에는 470 회전 수에 해당되는 높은 에너지를 가진 47(Hz)의 주파수는 더 이상 감지되지 않는다. 적어도 1대의 주기관은 8시 46분 16초(기준시간 8시 49분 57초) 이전에 정지된 것으로 추정된다.

* 우현 기관은 먼저 과속도 트립(Trip)으로 정지되고, 08시 49분 57초에 좌현 기관도 정지되었다.
470rpm인 기관의 1초당 폭발 횟수: (470×12실린더)/2/60 = 47(Hz)가 사라졌다.

70

Finding that the angle of list had become about 30° to 35° to starboard at around 05:20, the master explained the situation to the Japan Coast Guard with the phone at around 05:22, and requested rescue by helicopter, while transmitting a distress alert with the international VHF radio telephone equipment. After that, he requested Company A for establishing an emergency task force according to the safety management manual(accident handling standard).

At around 05:35, the master found that although put the helm to starboard, the Vessel could not make a right turn as intended, and as the Vessel was proceeding in the southeast direction(offshore), he decided to make a left turn while getting prepared for the list becoming larger because of outward heel. Then, he not only reduced the speed with the intention of easing the impact of the outward heel, but also gave order to port 10°.

When the Vessel completed the left turn and become prepared to proceed in the northwest direction, the master learned through the Japan Coast Guard that a container ship of foreign registry which had received the distress alert was offering to cooperate with rescue operations. and that the container ship was situated to the aft of the Vessel. However, the master could not afford to check the position of the container ship.

출처 : JTSB MA2011-3 P12~13/89

05:20 선장은 선체경사 30~35°를 발견하고 05:22 해상보안청에 전화로 상황을 설명하였고, 회사에는 '안전관리제도'에 의한 '비상조치팀' 조직을 요청하였다.

05:35 선장은 우현 타를 써도 의도한대로 배가 우선회를 하지 않음을 발견하였다. 즉, 선체경사가 원인이 되어 타를 써도 타효가 없음을 알 수 있다.

아리아케호 사고 2 : 우현 선체경사, 좌현 급선

급선회 상황

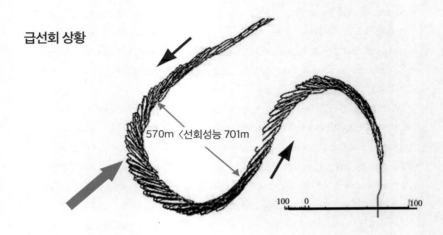

570m 〈선회성능 701m

100   0   100

* 위 그림에서도 선회경은 [선체경사시 570m/35° 타각 701m]로서 35° 타각
  의 81%이므로, 선체경사가 급선회의 원인임을 확인할 수 있다.

* 2009년 11월 13일 사고 발생(2009. 11. 4. 방화훈련 및 비상탈출 훈련)

* 대경사시의 상황(붉은 화살표 지점):
  'A' 선원은 갑자기 우현측으로 휙 쳐박혔으며, 경사계는 40°였다고 진
  술하였다.

아리아케호 사고 3 : 항적도, 기관, 타 정상 작동

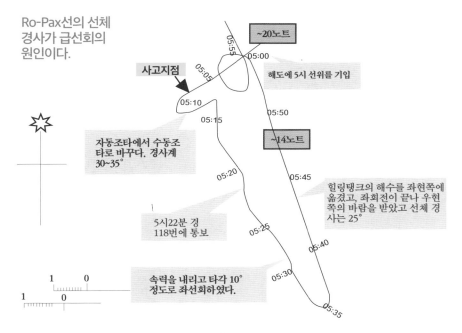

Ro-Pax선의 선체
경사가 급선회의
원인이다.

~20노트

05:55
05:00

사고지점 05:05

해도에 5시 선위를 기입

05:10

05:15

05:50

자동조타에서 수동조
타로 바꾸다. 경사계
30~35°

~14노트

05:20

05:45

힐링탱크의 해수를 좌현쪽에
옮겼고, 좌회전이 끝나 우현
쪽의 바람을 받았고 선체 경
사는 25°

5시22분 경
118번에 통보

05:25

1   0

05:30

속력을 내리고 타각 10°
정도로 좌선회하였다.

05:40

05:35

1   0

〈그림〉 선체가 경사되었을 때의 항적

* 출처 : http://www.mlit.go.jp/jtsb/ship/rep-acci/2011/MA2011-2-2_2009tk 0012.pdf

* Ro-Pax : 차량승하선(Roll-on and Roll-off)과 여객(Passenger)를 줄인 말.
승객과 차량 등을 싣는 보통의 연안여객선. Ro-Ro선은 정확히는 차량
전용선이다.

에스토니아호 항적도 : 우현15° 경사, 좌현 급선회

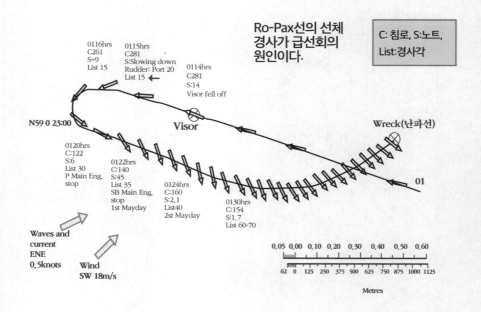

Ro-Pax선의 선체
경사가 급선회의
원인이다.

C: 침로, S:노트,
List:경사각

0116hrs
C261
S=9
List 15

0115hrs
C281
S:Slowing down
Rudder: Port 20
List 15 ←

0114hrs
C281
S:14
Visor fell off

N59 0 23:00

Visor

Wreck(난파선)

0120hrs
C:122
S:6
List 30
P Main Eng.
stop

0122hrs
C:140
S:45
List 35
SB Main Eng.
stop
1st Mayday

0124hrs
C:160
S:2.1
List40
2st Mayday

0130hrs
C:154
S:1.7
List 60-70

01

Waves and
current
ENE
0.5knots

Wind
SW 18m/s

0.05 0.00 0.10 0.20 0.30 0.40 0.50 0.60

62 0 125 250 375 500 625 750 875 1000 1125

Metres

* 출처 : http://www.mhuss.se/documents/Downloads/Estonia_sum.pdf

852명 희생, 파고 4m/5.5m, Visor fell off/Ramp hinges 강도 부족, 개
방됨.

Car Dk 침수, 몇 분에 15°, 15분에 40° 경사. 40분 만에 침몰, 우현15°
경사
좌현 급선회, 힐링탱크(Heel T(P)) Full, 통로와 계단이 좁아 선체가
30° 이상경사된 때에 300명 만 외부갑판에 도착함.

74

여객선의 경사 한도 10° 이내: 선회시, 승객 이동

Passenger ships shall comply with the requirements of 2.2 and 2.3

3.1.1 In addition, the angle of heel on account of crowding of passengers to one side as defined below shall not exceed 10°.

3.1.1.1 A minimum weight of 75kg shall be assumed for each passenger except that this value may be incrcased subject to the approval of the Administration. In addition, the mass and distribution of the luggage shall be approved by the Administration.

3.1.1.2 The height of centre of gravity for passengers shall be assumed equal to:
.1 I am above deck level for passengers standing upright. Account may be taken, if necessary, of camber and sheer of deck; and
.2 0.3m above the seat in respect of seated passengers.

3.1.2 In addition, the angle of heel on account of turning shall not exceed 10° when calculated using the following formula:

* 세월호의 정원이 921명이므로 921x75=69.1(톤)의 무게를 좌, 우현 어
  느 쪽에 두어도 횡경사는 10° 이내이어야 한다. 선회시에도 횡경사는
  10° 이내이어야 한다.

* 세월호는 건조 시운전에서 전속항해, 전타하여 선체경사는 7°였다.

세월호 복원성 특성 : GZ 짧아 경사 10°면 위험해진다.

선조위는 마린에 의뢰한 세월호와 선회, 횡경사, 침수. 침몰에 대한 조사를 통해 세월호의 독특한 복원성 특징을 확인했다. 마린은 기울어진 배를 제자리로 돌리려는 모멘트를 나타내는 복원정(GZ)에 주목하여, 횡경사 각도에 따라 세월호의 GM과 GZ를 비교했다. 횡경사 10°와 40° 사이에서 세월호의 복원정 값은 초기의 복원력인 GM값보다 훨씬 낮아지는 것으로 분석되었다. 이는 배가 일단 10°정도로 기울고 나면 그 이후에는 약 30°까지 빠르게 기운다는 뜻이다. 선수 부분이 좁고 선미 부분이 넓은 세월호의 구조, 특히 선미 차량 램프 구역의 움푹 들어간 넓은 공간이 이와 같은 복원성 특성에 영향을 미쳤다.

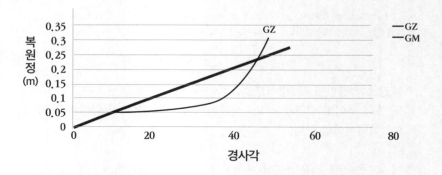

*그림은 경사 10°를 넘으면 복원정 GZ가 짧아 30도까지 계속 경사됨을 보여준다.

이런 복원성 특징은 연안여객선 선원들에게 철저히 교육할 필요가 있다.

76

자동차 전용선(PCTC) GoZ 특성 : 운항 중 선체 경사에 특별 주의

Date: 9/16/2016

DEAD WEIGHT   14126.5Mt
LIGHT WEIGHT   16953.0Mt
DISPLACEMENT   31079.5Mt

DRAFT	at Perpandiculars
Equiv	8.857m
Fore	7.571m
MEAN	8.718m
AFT	9.866m

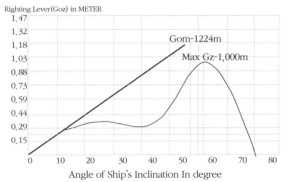

IMO A749(18) CRITERIA	Avallable	Requrad	Check
Angle of Flooding(Al)	56,426deg		
Intial GoM	1.224m	0.150m	Yes
Angle at Maximum GoZ	62,250deg	25,000deg	Yes
Maximum GoZ	1.009m		
GoZ at 30 Degree	0.375m	0.200m	Yes
Area to 30 Degree	0.136m-rad	0.055m-rad	Yes
Area to 40 Degree or Af	0.198m-rad	0.090m-rad	Yes
Area 30-40 Degree or Af	0.062 m-rad	0.030mrad	Yes
Minimum Allow. GoM	1.224m	0.957m	Yes

Righting Lever(Goz) in METER

Gom-1224m

Max Gz-1,000m

Angle of Ship's Inclination In degree

* 흘수가 얕은 자동차 전용선도 Ro-Pax 여객선과 같이 선체경사에 특별
  한 주의를 요한다. 도표에서 선체경사가 약15°가 되면 GoZ이 작아 45°
  까지 빠르게 진행됨을 알 수 있다.

* 황천 조우 / 평형수 교체 중 선체 대경사 사고 발생, 탱크 뚫어 평형수
  주입 후 균형 회복.

* 해양계 교육기관에서 선종에 따른 복원성의 특징에 관하여 교육이 필
  요하다.

평형수 교체 중 전복 : PCTC GT 55,328톤

The M/V 'COUGAR ACE', viewed from the bow, capsized 230miles
south of Alaska's Aleutian Islands in 2006. During the transfer of ballast
water before entering US waters, the vessel lost stability and developed
on 85degree list to port. The crew were rescued.
Gross tonnage: 55,328 Type of vessel: Car Carrier Built: October
1993 <Source: MOL website; http://www. mol. co. jp/en/pr/2006/635. html>

"2006년 7월 23일, 상기 선박은 4,812대의 자동차 화물을 싣고, 일
본에서 북미 서안으로 향하였다. 알류산 열도 남쪽 230마일 지점
에서 미국 영해 입항 전 평형수 교체 작업 중 큰 파도를 만나 복
원성을 잃고 좌현 쪽으로 83°까지 경사되었다. 복원성을 잃은 원
인은 밝혀지지 않았으나 선원들은 구조되었다고 보도 되었다."

* 필자가 세월호 사고 진실을 규명하기 위하여 많은 분들을 만났는데, 화물 트럭의 계량장치를 개발하신 분이 "트럭이 계량하여 증명서를 발급받고, 세월호로 가는 도중에 화물을 더 실었다는 소문이 있다."고 하였다.
사실이라면 적하 운임 목록에 의거한 화물량은 신뢰성이 전혀 없었다고 하겠다.

계량 증명서와 화물량이 일치하도록 제도 개선이 반드시 필요하다.

* 화물을 출항 직전까지 계속 신고, 화물량을 입력하면 복원성을 계산하여 보여주는 화물적재 컴퓨터(Loading computer)도 없고, 복원성을 계산할 줄도 모르는 선원들이 회사의 강압적인 과적 지시를 따르게 되면, 화물이 과적된 상태에서 평형수를 빼내어 흘수선을 맞추고 인천항을 출항하면서 평형수를 더 실어 초과흘수(Over-draft) 상태로 항해하다가, 다시 제주항 가까이 가면, 다시 평형수를 빼내어 흘수(Draft)를 맞추어 제주에 입항하는 방식으로 운항할 수 밖에 없었을 것이다. 따라서 사고가 났고, 이때의 화물량의 과적이 가장 심하였을 가능성이 있다.

　위의 관점에서 선조위에서 계산한 화물량과 평형수 등에 대하여 다시 살펴보자.

항상 많이 싣고, 대충 묶었다.

  2014년 1월부터 4월 15일까지 세월호는 인천에서 제주로 총 29회 운항을 했다. 보통 제주에서 인천으로 올라올 때보다 인천에서 제주로 갈 때가 화물량이 2배 가량 많다. 세월호의 인천~제주행 적하 운임 목록 (청해진해운이 화물을 싣고 받은 운임을 기록한 목록)을 검토한 결과, 4월 15일 화물량은 29번 중 2번 째로 많았다. 철근은 항상 실렸으며(29번 중 25번) 4월 15일 출항 당시가 가장 많았다〈표1-22〉.

〈표 1-22〉 2014년 세월호 인천-제주 항차 중 화물량이 많았던 순서

(세월호 적하 운임 목록 2014. 1 ~ 4. 감사원 증거 기록 중 재구성)

순위	날짜	적하(K/T)	적하(MS/T)	철근(K/T)
1	3.21	744.94	3.724	48.54
2	4.15	725.09	3.625	57.20
3	3.27	686.25	3.431	12.40
4	2.25	665.45	3.327	24.00
5	3.25	662.85	3.314	8.60

* K/T는 중량 톤 수, MS/T는 부피 톤 수를 가리킨다. 청해진해운은 부피 대비 많이 나가는 화물은 중량 톤 수로 그 외에는 부피 톤 수로 무게를 재 운임을 매겼다.

* 4월 15일 화물량이 2번 째로 많았다는 기록은 '적하 운임 목록'에 의하여 계산하였을 뿐, 신뢰성이 없다. 사고가 났을 때의 화물량이 가장 많았다고 추정함이 옳다.

사고 후에도 화물량 속임 계속 : JTBC 보도 2015. 1. 27.

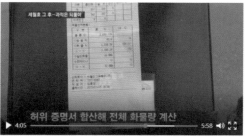

* 세월호 사고 후에도 허위 계량 증명서로 전체 화물량을 계산함이 드러
났다. 점검하여 개선되었는지 확인이 필요하다. 빨리 반드시 개선하라.

세월호 탱크 레벨 시스템 : 4월 15일 16:23 촬영, 선미

[그림 1-30] 4월 15일 촬영된 D 갑판 선미 평형수·청수 컨트롤 판넬

세월호 D갑판 선미에 있는 평형수 컨트롤 패널[그림1-30]에는 왼쪽에서 오른쪽으로 선미 피크 탱크, 힐링 탱크, 3번 탱크, 1번 탱크, 선수 피크 탱크의 평형수 상태를 표시하는 레벨 게이지가 보였다. 게이지 눈금을 통해 탱크에 남은 물을 계산할 수 있었다 (그림 1-31). 다만 2, 4, 5, 6번 탱크는 평형수 컨트롤 판넬에 게이지가 표시돼 있지 않았다. 4월 15일 오후 4시 23분경에 찍힌 컨트롤 판넬 계기판 사진을 보면 선수 피크 탱크의 게이지 눈금은 중간을 가리키고 푸른색 불빛이 깜박 거린다.

탱크 레벨 시스템 오차 발생 1 : 레벨 게이지

승선 중 표준 교정기로 교정하는 필자

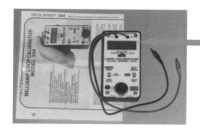

장기간 사용하면 오차가 발생하여 신뢰성이 없다.
표준 교정기로 전기 신호를 레벨 게이지에 주면서 정확한 레벨을 지시하는지 검사하고 오차를 교정하여야 레벨 게이지는 신뢰성이 있다.

세월호의 탱크 레벨 시스템은 원래 대충 보는 것으로, 정확한 계산은 측심(Sounding)을 해야 한다.
침몰 중이라 레벨 게이지 사진으로 계산할 수 밖에 없었다.

탱크 레벨 시스템 오차 발생 2 : 퍼지 파이프 내부

배관도 원리

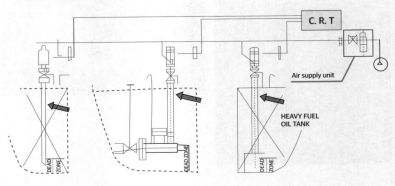

퍼지 파이프(Purge Pipe) 내부에 이물질이 부착되어 실제량보다 많게
지시하는 오차가 발생한다.

매주 퍼지!

* 흘수: 독킹 중 밸브, 파이프 메니폴드(pipe manifold) 등을 분해, 소제하
  고 제로/스팬(zero/span)을 교정한다.

* 항해 중에는 약간의 동압(動壓)이 걸려 오차가 발생한다.

탱크 레벨 시스템 오차 발생 3 : 센서부, 정비 및 교정

* 선박의 자동계통 수리업체의 전문가는 15년쯤 되면 다이아프람(Dia-
  phragm)의 탄성 감소로 성능의 신뢰성이 없어 교체를 권고한다.

3. 6 항적도 강한 의문 : 08:45 이전 사고 발생

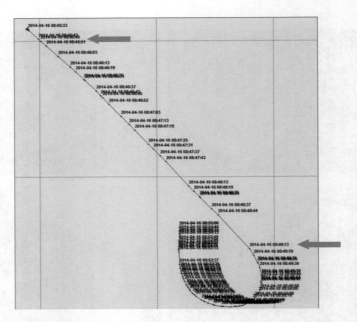

출처 : 중앙해양안전심판원 특별 조사 보고서, P102

'08:45~08:49'을 잘 관찰하면 선체 경사에 의한 이상이 감지 된다.

선체경사 시작은 더 앞선 시간이다.

항적도 강한 의문 1 : 생존자 이○○ 통화 시간

*사고 발생 시점과 관련하여 생존자 이○○ 씨의 통화 기록의 검증
  이 누락되었다.

생존자 이○○(50) 씨의 증언 중 중요한 내용은 세월호가 변침 전 이
미 심하게 기울었다는 점이다. 이 씨는 지난 2일 제주도에서 기자를 만
나 사고 당시 상황을 증언했다. 자동 화물 기사인 이 씨의 방은 3층 후미
좌측 뒤에서 두 번째 방(DR-3)이었다. 그는 사고 당시 방에 누워 TV를
보고 있었다. 그런데 갑자기 몸이 발 쪽으로 기울었다. 그의 증언이다.
"세월호는 오전 7시 30분부터 식사 시간이다(중략). 8시가 조금 넘어, TV
를 보는데 배가 갑자기 기울더라. 야, 야, 이거 뭐냐, 이상하다 해서 바
로 밖으로 나왔다."
밖에서 이 씨는 바다로 뿌려진 컨테이너를 목격했다고 말했다. 그는
세월호의 오른쪽, 즉 배가 기운 반대 방향으로 올라갔다. 난간대를 잡고
이동했다고 한다. 배의 우측 벽에 기댄 채 시간이 지났다. 첫 안내방송
도 이곳에서 들었다.

갑자기 나오느라 휴대전화도 방에 놓고 온 터였다. 옆에 같이 기대고 있던 한 여성으로부터 휴대전화를 빌려 제주도에 있는 친구에게 전화를 했다. 배가 이상하다고, 넘어간다고. 하지만 친구는 믿지 않았다.

당시 전화를 받은 정○○ 씨는 기자와의 전화 통화에서 "전화가 걸려온 시간은 정확히 8시 45분"이라고 말했다. 정 씨의 말이다.
"두 번 전화가 왔다. 첫 전화는 8시 43분. 모르는 번호가 뜨길래 안 받았다. 곧 다시 왔다. 받았더니, ○○이 형님이더라. 난데없이 큰 일 났다고, 배 넘어간다고 하길래, 앞에 있는 시계를 봤다. 8시 45분이었다. 아, 배 들어올 시간인데 장난하지 마쇼" 했다.
4월 16일 오전 8시 45분은 아직 세월호가 변침하기 전 시간이다. 해양수산부가 공개한 세월호의 항적 기록에 따르면 공식 변침 시간은 8시 49분이다. 생존자 이 씨와 그의 친구 정 씨의 증언은 변침 전부터 배가 비정상적으로 기울었다는 것을 의미한다. '변침 전부터 배는 심하게 기울었다.'

오마이뉴스 이병한 기자 입력
2014. 05. 15 20:19

청주 교도소 방문 박OO 씨 면회(2016. 11. 15.)

"잔잔한 바다 위를 달리던 배가 갑자기 10° 이상 각도로 확 기울더니 아주 서서히 지속적으로 기울다가 두 번째 다시 확 기울었습니다".

조타기 고장은 아니었느냐고 물으니까 "조타기 고장은 아니었습니다. 타수가 돌린 침로와 조타기가 작동되어 추종(FOLLOW)하는 타각을 선교에서 조타수와 같이 보고 있었는데 정상적으로 타는 따라오는데 기운 선체가 좌현 5° 및 15°는 키를 사용해도 침로가 좌회전하지 못했습니다. 이유는 모르겠지만 사실입니다.

2018년 10월 6일 09:36~ : 3항사 모친과 통화

"전방 주시를 하며 140°에서 145°로 변침 지시를 하는데 갑자기(배가 넘어져서) 타수가 '어, 어, 타가 안 듣는다.'고 했고 어떻게 손을 써볼 도리가 없었다.

사실을 말해도 조사관들이 어떤 방향으로 유도하려는 질문을 계속해 진술을 할 수 없는데, '무언가 진실을 감추고 말하지 않는다'고 한다."

전남 진도 앞바다에서 침몰한 세월호의 비극이 배가 기울기 시작한 16일 오전 8시 49분보다 20여분 먼저 시작됐다는 조타수의 증언이 나왔다. 사실이라면 승객들을 살릴 수 있는 '골든타임'이 그만큼 더 있었는데도 선원들이 금쪽같은 시간을 허비한 것이다. 지난 19일 구속된 세월호 선장 이○○(69) 씨와 3등 항해사 박모(25·여) 씨, 조타수 조모(55) 씨를 목포해양경찰서 유치장에서 각각 접견한 강○○ 법무법인 영진 변호사는 23일 "20여 분간 배 중심을 잡아주는 밸러스트 탱크(평형수 탱크)를 조정해 선체를 복원하려다 안 돼 구조요청을 했다"는 조 씨의 말을 전했다.

지금까지 알려진 사고 시점은 해양수산부 선박자동식별장치(AIS)에서 세월호가 비정상적으로 급선회한 것으로 나타난 오전 8시 49분 36초다. 그 직후 배가 균형을 잃어 30°정도 기울었고, 승무원들은 6분 뒤인 오전 8시 55분에 제주 해상교통관제센터(VTS)에 조난 신고를 했다. 선장과 선원들의 정확한 시간대별 행적은 수사 중이지만 지금까지는 배가 기운 직후 8명의 선원들이 브리지에 모여 평형수 조정 등 배를 복원하려는 시도를 한 것으로 알려졌다.

20여분 간 복구 시도를 하다 안 돼 조난 신고를 했다는 조 씨 증언이 사실이라면 심각한 이상이 생긴 시점은 오전 8시 30분쯤이다. 일부 생존 승객들은 "사고가 나기 전에도 배가 기우뚱거려서 불안했다"고 증언하기도 했다. "급선회 20여분 전 이미 이상 있었다."

- 한국일보 김창훈 기자 2014. 04. 24 03:35

항적도 강한 의문 4 : 해군 레이더 영상

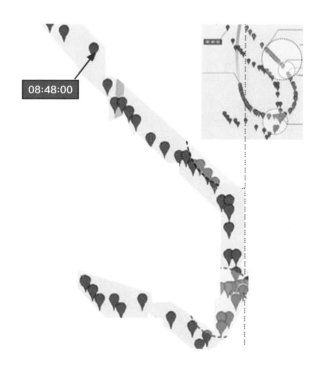

좌현으로 경사되면 선체 양측의 증가되는 수압 차가 선체의 LCG에 회전 모멘트로 작용, 똑바로 갈 수 없어 항적은 지그재그이고, 해군 레이더 영상과 일치한다.

사고 시점은 08:48 이전이다!!!

한겨레 2014. 10. 14 10:20 하어영, 김규남, 서규석 기자

군산 앞바다 지날 때 배가 왼쪽으로 기우뚱

생존자 서○○(54) 씨는 해병대 출신이라고 했다. 그런 만큼 배에 대해, 바다에 대해 경험이 많았다.

그런 그가 느끼기에 세월호는 이상했다. 지난 6일 인천의 한 병원에서 서 씨를 만났다. 그는 사고 당시 탈출하는 학생들을 보트 위로 끌어올리다가 오른팔 인대에 부상을 입었다.

당초 예정 시간보다 2시간 반 늦은 4월 15일 오후 9시에 출발했고, 인천대교를 지나면서 학생들은 갑판에 나와 불꽃놀이를 했다. 좀 잠잠해지면서 서 씨도 눈을 감았다.

얼마나 지났을까. 그는 갑자기 배가 왼쪽으로 기우뚱 하는 것을 느꼈다고 한다. 그의 증언이다.

"시간상으로 정확히는 모르겠지만, 갑자기 기우뚱 하더라. 큰 배가 순간적으로 그렇게 움직일 정도면 엄청난 충격이다. 놀라서 밖으로 나갔다. 잠잠했다. 안개도 없고, 파도도 없고, 3층 안내데스크에 현재 배가 어디를 지나고 있는지 보여주는 모니터가 있다.

들어가서 보니 군산 앞바다 정도였다. 이상하다고 생각하며 방으로 돌아왔다(변침지점). 그런데 아침에 진도 앞바다에서 똑같은 방향으로 기울어졌다."

* 이미 군산 앞바다 변침 지점을 지날 때 기우뚱할 정도로 복원성이 좋
지 않았다는 사실은 08:49 이전에 소각도 변침에도 좌현 경사가 발생
했을 가능성을 알려준다.

오마이뉴스 김지혜 기자 입력 2014. 05. 15 20:19

항적도 강한 의문 6 : 단원고 학생 진술, SBS 보도 2014. 04. 27

구조된 단원고 학생 : 배가 기울길래, 저희는 처음에 살짝 기울길래 장난인 줄
알았어요.
그런데 "엄마, 배가 좀 기울었어" 이래요.
8시 몇 분이었어요.

항적도 강한 의문 7 : 지속적 선속 감소 19.0~17.4노트

8:41:50	7	11.3	136.7	3295	-41	55.92	55.4	1709	-3091	59	11.3	902	128.7	130	1.3	-1.0	-0.14	19.0
8:41:54	4	11.3	135.9	3269	-26	55.95	56.7	1750	-3050	41	11.3	333	129.0	130	1.0	0.0	0.00	18.9
8:42:03	9	11.2	134.2	3215	-54	55.99	59.2	1828	-2972	78	11.2	1475	129.1	130	0.9	0.0	0.00	18.9
8:42:09	6	11.2	133.3	3189	-26	56.01	60.7	1874	-2926	46	11.2	501	128.5	130	1.5	0.0	0.00	18.9
8:42:13	4	11.2	133.3	3189	0	56.01	60.7	1874	-2926	0	11.2	-902	128.1	130	2.9	1.0	0.25	18.9
8:42:30	4	11.1	128.8	3050	-139	56.13	67.6	2085	-2715	211	11.1	5591	130.0	132	2.0	0.0	0.00	18.8
8:42:38	8	11.1	127.2	3000	-50	56.16	69.8	2156	-2644	70	11.1	1249	130.0	132	2.0	0.0	0.00	18.8
8:42:45	7	11.1	126.3	2972	-28	56.19	71.2	2196	-2604	41	11.1	329	130.5	132	0.5	-1.0	-0.14	18.8
8:42:57	8	11.1	123.4	2884	-48	56.25	75.2	2321	-2479	69	11.1	1190	12.59	131	0.5	-1.0	-0.13	18.7
8:43:04	7	11.0	122.0	2841	-43	56.29	77.2	2384	-2416	63	11.0	1019	129.5	130	0.5	0.0	0.00	18.7
8:43:09	5	11.0	121.4	2822	-19	56.30	78.1	2411	-2389	28	11.0	-69	129.2	130	1.8	1.0	0.20	18.8
8:47:25	15	10.1	67.2	1149	-97	57.47	148.0	4567	-233	109	10.1	2452	136.9	131	4.1	0.0	0.00	17.9
8:47:30	5	10.1	66.2	1116	-33	57.49	149.2	4606	-194	39	10.1	264	136.2	141	3.8	-1.0	-0.20	17.8
8:47:37	7	10.1	64.7	1070	-47	57.52	150.9	4659	-141	53	10.1	703	135.9	140	4.1	0.0	0.00	17.7
8:47:43	6	10.1	63.4	1030	-40	57.54	152.4	4703	-97	45	10.1	456	135.6	140	4.4	0.0	0.00	17.7
8:48:13	6	9.9	56.7	824	-37	57.66	159.5	4924	124	41	9.9	329	136.9	140	3.1	-1.0	-0.17	17.5
8:48:18	5	9.9	55.6	789	-35	57.68	160.9	4965	165	41	9.9	333	136.3	140	3.7	0.0	0.00	17.5
8:48:22	4	9.9	55.3	782	-7	57.69	161.1	4973	173	7	9.9	-696	136.3	139	2.7	-1.0	-0.25	17.5
8:48:31	9	9.9	52.8	704	-78	57.73	164.0	5063	263	91	9.9	1873	135.2	139	3.8	0.0	0.00	17.5
8:48:38	7	9.9	51.5	663	-41	57.76	165.7	5113	313	50	9.9	617	134.7	140	5.3	1.0	0.14	17.4

* 표의 우측에 있는 선속들은 08:41 19노트에서 08:48 17.4노트까지 계속 감속되고 있어 실제경사가

발생된 시간으로 추정된다! 필자는 과거 운항시간에 여유가 있을 때 주기관의 비상정지 및 후진 등의 시험을 하여 선속의 변화와 관련된 이상 발생에 민감하다.

4. 세월호는 교통사고인가?

4.1 재난과 사고의 차이 :

재난의 정의

UN 재난경감국제전략기구의 발표에 의하면 '재난이란 해당 지역사회가 보유한 자원으로 대응할 수 있는 역량 이상의 인적, 물적, 경제·환경적 손실을 야기함으로써 해당 지역사회의 기능을 심각하게 마비시키는 예기치 않은 대규모 피해 사건을 말한다.'

(A disaster is a sudden, calamitous event that causes serious disruption of the function-ing of a community or a society causing widespread human, material, economic and/or environmental losses which exceed the ability of the affected community or society to cope
using its own level of resources.)[7]

국민들 중에 '학생들이 놀러 가다가 난 교통사고'라고 하는 사람들을 만나면 보통의 사고가 아닌 것으로 느끼면서도 아니라고 명확하게 설

---

7)재난관리론 임현우 박영사 2020. 8. 7. p39

명할 수 없었다. 그래서 안전과 재난 관련 책을 몇 권 사서 공부를 하니 위의 정의와 같이 규모가 크고, 또 원인이 많은 사고가 재난이라는 사실을 알게 되었다.

원인이 많으니 사고의 원인을 밝히는데 자연 시간이 많이 걸릴 수 밖에 없다.

차분히 원인들을 밝혀서 제도개선을 하여야 장래의 사고를 예방할 수 있다.

재난 및 안전관리 기본법 제3조

'재난'이란 국민의 생명·신체·재산과 국가에 피해를 주거나 줄 수 있는 것으로서 다음 각 목의 것을 말한다.

가. 자연재난: 태풍, 홍수, 호우(豪雨), 강풍, 풍랑, 해일(海溢), 대설, 한파, 낙뢰, 가뭄, 폭염, 지진, 황사(黃砂), 조류(藻類) 대발생, 조수(潮水), 화산활동, 소행성·유성체 등 자연우주 물체의 추락·충돌, 그 밖에 이에 준하는 자연현상으로 인하여 발생하는 재해.

나. 사회재난: 화재·붕괴·폭발·교통사고(항공사고 및 해상사고를 포함한다)·화생방사고·환경오염사고 등으로 인하여 발생하는 대통령령으로

정하는 규모 이상의 피해와 국가핵심기반의 마비, 「감염병의 예방 및 관리에 관한 법률」에 따른 감염병 또는 「가축전염병예방법」에 따른 가축전염병의 확산, 「미세먼지 저감 및 관리에 관한 특별법」에 따른 미세먼지 등으로 인한 피해.

발생일	재난 명	피해 상황	선포일
2017. 12. 7	충남 태안 허베이 스피리트 유조선 유류유출 사고	인명피해: 없음 재산피해:어장 29,454ha 해안오염 70.1km 등	2007. 12. 11 충남 태안 등 6개 시·군
2014. 4. 16	여객선 세월호 침몰사고	인명피해: 사망 295, 실종 9 재난피해: 여객선 1척 등	2014. 4. 21

자료 출처: 행정안전부 2016 재난연감

* 세월호 사고는 2014년 4월 21일 정부가 선포한 재난이다. 교통사고가 아니다.

2014년 5월 22일 한국교통연구원에서 개최된 국제세미나에서 교통 재난 전문가인 아베 세이지 일본 간사이대학 교수(사회안전학부 및 대학원)는 "세월호는 조직 사고(Organizational Accident)다. 교통사고는 그 원인이 대부분 개인의 부주의 탓이다. 따라서 완전히 사라질 순 없다. 그러나 조직사고는 시스템만 개선하면 없앨 수 있다." 교통사고의 8할은 운전자가 운전에 집중하지 않아서 일어난다. 운전 중 휴대전화를 사용하거나 동승자와 대화에 정신이 팔려 신호를 놓치기도 한다.

이런 사고들을 예방하려면 개인들이 안전수칙을 잘 지키면 된다.

세월호 침몰의 이유로는 △노후선 도입 △비상집합장소 폐지 △화물 과적 △고박 불량 등등 모두가 이유다.

사고가 참사로 확대된 이유도 △해상교통관제센터(VTS) 직무 불성실 △해경의 해상재난 대응제도 부실 △해경청장 임명제도 부적절…. 역시 모두 이유다.

조직사고는 이처럼 사고의 원인을 한 가지로 특정할 수 없고 해당 설비나 시설을 운용하는 조직의 여러 단계의 문제가 합쳐져 발생하는 사고를 일컫는 개념이다. 조직사고는 자주 발생하지 않지만 한 번 발생하면 큰 피해를 가져온다.

대형 사고는 모든 단계별 방어막이 뚫렸을 때 발생한다. 사고의 원인이 복합적이고 각 단계별로 수많은 원인 제공자가 존재하는 경우, 어떤 개인을 책임자로 특정하기 어렵다. 조직사고의 중요한 특징은 사고의 원인 제공자와 피해자가 다른 경우가 많다는 점이다.

박상은 『세월호는 조직사고다』 2015. 4. 14. '한겨레21 출판' 참조.

버드(Bird)의 사고 연쇄 이론

- 하인리히의 도미노 이론과 개념적으로 유사하지만, 사고 원인적 측면에서 수정된 이론을 제시
- 사고의 직접 원인까지는 동일하지만 사고의 근본 원인을 관리조직 및 관리자의 관리적 결함으로 제시
▶ 현대의 안전관리 기법에도 계승·반영되어 사고의 근본적 원인은 상당부분 관리부실로 지목

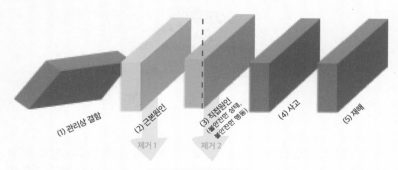

(1) 관리상 결함   (2) 근본원인   (3) 직접원인 (불안전한 상태, 불안전한 행동)   (4) 사고   (5) 재해

제거 1   제거 2

관리조직 및 관리 책임사의
관리적 결합 제거 필요

버드의 이론에 따르면 관리상의 결함이 사고의 근본 원인이다.

* 사고 원인에 대한 분석이 선원들과 회사의 과실에 한정되고, 다른 원인에 대한 분석은 없으므로, 재난학계에서 회자되는 '희생양' 만들기에 일조를 하였다.

세월호 사고와 관련한 여러 재판들에서 과연 판결들은 선원들이 저지른 잘못에 대하여 공정하게 이루어지고 있는지에 관하여 필자는 강한 의문을 가지고 있다.

해양수산부가 18년 운항 끝에 더 이상 안전운항을 할 수 없으니 즉, 검사를 통과할 수 없으니, 운항중단을 하고 폐선을 기다리던 고철을 도입하도록 허가해 준 잘못이 큰데다 아무런 언급조차 없는데 과연 옳은 것인가? 바로 사고를 일으킨 출발점이 아닌가?

도입 허가에다가 설치되어 있던 '비상집합장소'를 없애는 개조를 허가한 잘못도 크지 않은가?

'비상집합장소'가 있었더라면 사고의 양상은 많이 달라졌을 수 있다.

과적을 강요하고 화물고박의 관리를 부실하게 하였던 회사의 잘못도 크지 않은가?

여객선에서는 평소 선원이 승객구역으로 가면 해고사유이다. 이런 여객선의 규칙이 감안됐는가?

비상시에는 평소 훈련한대로 반응한다. 비상소집훈련을 하지 않은 이유는 무엇인가?

해경은 VTS 근무를 잘 했으며, 구조도 잘 했는가? 세월호 선원들에게 모든 잘못이 있나?

사고에 관련된 많은 원인들이 있지만 책임을 묻는 재판은 없거나 처벌받지 않는데, 유독 제일 힘 없고 가난한 선원들만 가혹한 처벌을 받지 않았는지 깊이 생각해 볼 일이다.

또 3등 항해사 박OO은 구조정에서 "배에 사람들이 많이 있는데 우리만 나오면 안 된다"는 말을 했다고 선원들 형사재판의 검찰측에서 신청한 증인 강OO가 들었다고 증언했음에도 불구하고 5년이라는 중형을 치루었으니, 검찰의 기소와 법원의 판결이 너무도 잘못되지 않았는가?
해사법을 전공한 교수님들도 "3등 항해사는 무죄다!"라고 힘주어 말한다.
이유는 3등 항해사로서 자신이 할 수 있는 최선을 다했기 때문이다.

필자와 해운계의 견해로는 책임이 무거운 소수의 선원을 제외한 모두는 사면·복권되어야 하며 '가압류'도 면제되어야 옳다. 852명이 사망한 에스토니아호의 경우 아무도 기소되지 않았으며, 193명이 사망한 해럴드 오프 프리 엔터프라이즈(Herald of Free Enterprise)호는 두 사람만 기소되었다고 알려지고 있다.
선원들에 대한 재판도 선진국다워야 하고, 조선·해양 강국의 이미지에 어울려야 한다.

힐스보로 참사 : 5개 정권, 27년 만에 진실 밝혀져

1989년 4월 15일 영국 셰필드 힐스보로 경기장에 몰려드는 관중을 평소 출구로 사용하던 게이트 C로 입장시키니 관중들이 앞으로 밀쳐 들어가 이미 만원이던 입석의 관중들을 펜스로 밀어내는 결과로 96명이 압사한 사건이다. 경찰이 게이트 C를 개방한 것이 잘못이란 사실을 은폐하였으나 2012년에 21년 만에 밝혀지고, 대처, 메이저, 블레어, 브라운, 캐머런 수상까지 5개 정권을 거쳐 2016년 4월 13일 27년 만에 모든 진실이 밝혀진 참사이다(96명의 사망자 중 78명이 10~20대였다).

27년 만에 밝혀진 진실…영 힐스보로 참사는 팬 아닌 경찰 잘못

연합뉴스 2016. 4. 27. 18:09:50 기사 참조 재구성

* 많은 사람들이 사망한 참사는 그 진실이 밝혀지기까지는 오랜 세월이 걸린다.

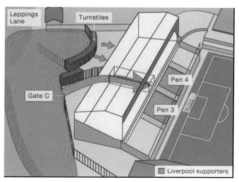

4. 3 세월호 사고 : 해상재난이 된 원인들의 분석

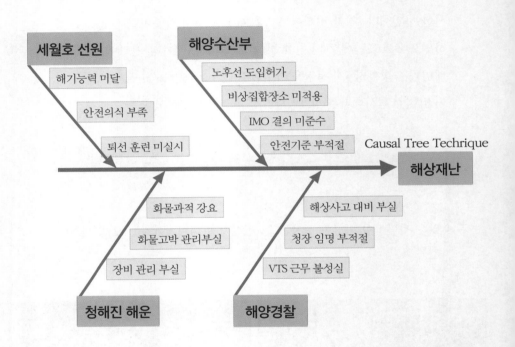

훈련된 조직으로 사고에 대응하는 지휘관이 없었다.

역사는 큰 재난을 통한 학습으로 발전하였다.

1) 해상재난이 된 요인: 선원들

(1)운항능력이 낮다 :

필자는 인천, 부산, 제주 등지의 연안 여객선에 종사하는 기관사들의 능력에 대하여 정규 교육을 받지 못하여 "연료분사를 하는 노즐 시험과 정비를 할 줄 모른다. 또는 발전기 윤활유 온도가 높은데 해결하지 못하여 발전기 운전을 못한다." 등의 실로 충격적인 얘기들을 관계자들로부터 들었다.

세월호 선원의 경우 복원성 계산 능력도 가지지 못하였다는 것도 잘 알려진 사실이다.

(2)안전의식 수준이 낮다 :

세월호 도입을 위한 인수 요원들이 일본 선원들과 동승하였을 때, 수밀문, 맨홀, 해치 등이 개방되어 있었는데 이를 정상으로 오인하여 국내에서도 선체의 수밀유지에 대한 개념이 없었다. 이는 결국 사고를 당하여 빠른 침수, 침몰로 이어졌다(선조위 부속서3 P28~ 참조).

(3)평소 퇴선훈련을 하지 않았다. :

세월호는 국내에 도입하여 수리하는 과정에서 '비상집합장소'를 없애고 객실을 증설하였다.

'비상집합장소'가 없으니 '퇴선훈련'도 하지 않게 되었으며, 사고를 당하여 "안전하게 선실 내에서 대기하라!"는 방송도 하였고, 나아가 희생자가 많아지는 주요한 하나의 원인이 되었다.

* 기도하며 사실을 객관적인 시각으로 사고의 원인을 추구한 필자의 판
  단이다.

2)청해진 해운

(1)장비 정비, 수리 관리 부실 :

선박에 설치되어 있는 주기관, 발전기, 핀 안정기 등 중요 장비들이
양호하게 작동하도록 선장, 기관장을 감독하고 필요에 따라 육상의 전
문업체의 수리를 관리하는 책임을 지는 사람이 회사의 공무감독이다.

그런데 청해진 해운 뿐만 아니라 연안해운업계의 전반적인 경향이
감독들의 수준도 낮아서 본선의 관리를 제대로 할 수 없어서 안전운항
이 위협을 받고 있는 실정이다.

* 선체 전복과 밀접한 관계가 있는 '핀 안정기'가 2013. 9. 7. 인천항 입항
시 '비례제어 전자변(Proportional Solenoid Valve)' 고장 이후 계속 고장 상태
로 항해 중 펴고 다녔었다(부속서2 P124 참조).

전문업체를 찾아서 분해, 소제를 한 후에 유량특성을 맞추어 주면 성
능을 회복할 수 있어 '핀 안정기'가 정상으로 작동하였으면 사고를 예방
할 가능성이 있었을 것으로 생각된다.

(2)화물 고박 관리 부실 :

  사고 후 조사에서 잘 알려진 바와 같이 컨테이너, 차량, 철근 등 화물을 제대로 고박하지 않아, 선체경사와 더불어 화물들의 쏠림에 의하여 침수, 침몰의 주요한 원인이 되었다.

  회사가 화물의 고박을 이처럼 부실하게 관리하는 것은 변명의 여지가 없는 잘못된 것이다.

  (3)회사가 과적을 강요 :

  선원들에 대하여 우월적인 지위에 있는 회사가 안전과는 반대로 과적을 강요하면, 사고는 예고된 것이었다고 할 수 있다. 더 이상의 설명이 필요하지 않을 것이다.

감항능력 부실 : 입출항 발전기 3대, 부속서2, P372

- 발전기 및 비상발전기의 전원 공급 정지시간 및 전원 이상 여부 검증
- 발전기 및 전원 공급 이상 여부 등에 관한 진술 여부 확인:

  세월호 발전기는 <표 12>처럼 3대가 설치되어 있었다. 평상시 발전기 사용 현황은 정박 중에는 1대, 입·출항 때는 3대 그리고 항해 중에는 2대를 사용했다. 세월호 사고 전날 인천 출항시 선수와 선미 스러스트와 타기 펌프 2대를 운전하기 위해 발전기 3대를 모두 운전했다. 통상적으로 입·출항 때에는 설치된 발전기 모두 운전하는 것이 일반적이다.

〈표 12〉 세월호 발전기 운전 시스템

	입·출항 시	항해 중	정박 중
평상시	발전기 3대	발전기 2대	발전기 1대
2014. 4. 15~16	발전기 3대	NO. 1, 3 운전 NO. 2 스텐바이	

* 입출항시에 3대 전부 운전은 발전기의 출력 감소가 원인이며, 선원들의 정비능력 미달과 회사의 운항관리능력 부족을 의미한다.

* 세월호는 감항능력[8]이 없는 상태였다. 조선소는 '전력소요분석'에 의하여 발전기 2대로 입출항, 하역 등 모든 상황에서의 전력 소비를 감당하며, 1대는 '운전대기'로 설계한다(세월호는 발전기 1대만 고장 또는 정비 중이면 입출항이 불가능한 상태였다).

---

8) 감항능력(상법 제794 참조) : 화물을 안전하게 운송할 수 있는 능력이며, 계약 당시의 계절, 항로, 기간을 감당할 수 있는 견고한 선체능력, 안전하게 항해할 수 있는 운항능력과 화물을 안전하게 보관, 운송하는 감화(堪貨)능력의 세가지를 의미한다. 즉, 감항능력 = 선체능력 + 운항능력 + 감화능력이다.

세월호도 조타실에서 기관구역과 E갑판 화물칸의 수밀문 5개를 유압 장치를 활용해 원격으로 폐쇄할 수 있었다. 각 수밀문 옆에는 자동과 수동으로 문을 닫을 수 있는 장치가 있었다. 그러나 실제로는 수밀문이 제대로 작동하지 않았다. 선원들이 제대로 관리하지 않아 고장이 잦았고, 이를 제대로 유지·보수하지도 않았다. 조타실에서도 수밀문을 작동하는지 점검하지도 않았다.

조사관: 수밀문이 열려 있으면 선교에서 연락이 오지 않았나요?

박○용(전 1등 기관사): 연락이 온 적이 없었으며 항상 열려 있었습니다. 수밀문 유압이 자주 터졌습니다. 유격과 롤링이 생겨 문에 소리가 났습니다. 그래서 수리를 했습니다.

조사관: 선교로부터 수밀문 폐쇄에 대해서 지시나 연락을 받으신 적이 있나요?

박○용: 본인이(2013년 9월까지) 승선 중에는 없었습니다.

(박○용 선조위 진술조서(2018. 2. 22)

세월호의 핀 안정기실 출입구는 선원들의 출입이 잦은 곳이었는데도 맨홀이었다. 맨홀은 20여 개의 볼트와 너트로 덮개를 달아 놓는 구조이며,

닫아 놓는게 원칙이다. 세월호 핀 안정기는 원래 원격 조정 기능을 갖췄는데, 2013년 9월 고장이 났고, 부품이 없어 수리를 하지 못했다. 그때부터 기관부 선원들이 선장의 지시에 따라 수작업으로 핀 안정기를 접고 펴야 했다. 당연히 핀 안정기실 출입이 잦았고, 닫아 놓아야 할 핀 안정기실 맨홀을 항상 열어둔 채 항해했다.

* 부품은 없고 선원, 회사의 능력도 미달의 악순환인데 선원들이 제대로 유지, 보수 안 했다는 말은 문제의 본질을 제대로 파악하지 못한 사고 분석이다.

3) 해양수산부

(1) 노후선의 도입 허가
일본에서 18년 간 운항 끝에 더 이상 안전운항을 할 수 없어 운항 중단을 하고 폐선을 하려던 여객선을 도입하도록 허가해 준 해양수산부의 과실이 사고의 출발점이라고 볼 수 있다.
선령이 20년 가까이 되는 노후선에서는 멀쩡하게 보이는 쇳덩어리들도 피로에 의한 수명이 되어 갑자기 깨어지기도 하고(쇳덩어리의 피로한 계가 2만 시간인 것들이 있다) 보일러 튜브들도 왕창 크랙되어 누설하거나 전자부품들도 고장이 나서 주기관, 발전기가 갑자기 꺼지는 등 참으로 언제 어떤 고장이 발생할지 모르는 상태가 된다.

이러한 노후선의 실상을 경험하지 못하여 알지 못하니 노후선의 도입이 계속되었으며 이는 사고를 발생하게 만든 주요한 원인이다.

(2) 비상집합장소를 없애는 개조 허가

사람에 따라서는 생각이 다를 수도 있지만 필자는 적어도 비상집합장소를 없애지만 않았더라면 평소 '퇴선훈련'도 하였을 것이고 사고로 인한 희생자는 없거나 최소한에 그쳤다고 생각한다.

일반 상선에서도 각자 지정된 '비상집합장소'에 모이는 훈련을 하는데, 여객선에서 '비상집합장소'를 없애는 개조를 허가한 해양수산부의 책임은 매우 크다.

따라서 국내에서 건조하는 여객선들에 '비상집합장소'의 유무는 매우 신중히 결정해야 한다.

(3) 국제해사기구 결의 미준수

'바다의 대통령'으로 불리는 국제해사기구(IMO) 사무총장이 한국 출신이며, IMO는 조선·해양강국인 한국의 적극적인 국제적인 역할과 공헌을 기대하고 있는 현실을 직시하자.

170여개 국의 정부대표들이 모여 '최소한의 안전 기준'으로 정한 IMO
결의를 준수하지 않아 온 세계가 경악할 해상참사를 발생하게 하였
다. 해양수산부의 획기적 발상 전환이 요청된다.

노후선 고장율 : 욕조곡선(Bathtub curve), 산업안전공학

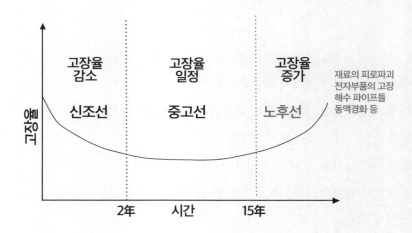

* IACS 통일규칙: 선체의 설계는 북대서양에서 25년 중 가장 높은 파도에
  감항성을 가질 것. 조선 기술 대한조선학회 P310
* 안전운항 기준 여객선 수명은 15년 정도이다.
* 노후 여객선은 안전운항이 어렵다. 사면 심각한 운항지장과 많은 수리
  비에 직면한다.
* 저선령의 안전한 여객선 확보가 여객선 참사를 예방하는 '제도개선의
  출발점'이다.
* 선령 15년을 넘는 노후 선박은 부품조달에 장기간 소요되며, 제조사가
  없어진 경우도 있다.

노후선 실상 1 : VLCC, 온갖 고장 발생

① 주기관 시동 공기밸브 고장(SPM)

② 균열 주기관 배기관 화재(E/R)

③ 주기관 공기냉각기(Air Cooler) 누설

④ AMS 전원부 컨덴서들 변색

① 주기관 시동밸브 고장 : 하느님의 도우심

필자가 선령 18년차 VLCC 기관장으로 근무하였던 2002년 12월 14일 중동에서 원유를 싣기 위하여 일점계류장치(SPM)에 접안하는 중에 갑자기 시동밸브 고장으로 시동이 안 되어 선장과 도선사가 놀라서 고함치는 사건이 발생하였었다. 필자는 즉각 "당장은 어디가 어떻게 고장인지를 파악할 수도, 해결할 수도 없으니 바깥은 선장님이 최선을 다해 수습해 주십시오."라고 보고하였는데 외부의 사고는 없었다.

시동밸브를 분해하여 보니 볼 밸브(Ball valve)의 테프론 시트 링(Teflon seat ring)[9]에 조금 상처가 있어 밀착이 되지 않아 시동공기 30K가 누설되어 들어가서 압력이 차 있으므로 7K 시그널 에어(Signal air)로서는 볼 밸브를 열지 못하는 관계로 시동공기밸브가 고장으로 된 사건이었다.

당시 예비품을 조사했더니 손상된 것 1개, 신품 1개는 사이즈가 다르니 정말 난처하였었다.

손상된 시트 링으로 몇 번을 조립하여 7K 잡용공기로 시험해보고 주

---

9) 주기관 시동공기변 시트 링은 5년 정기 독킹 검사 시에 교체를 권장합니다 (=H상선).

114

기관에 부착하여 시동해 보면 작동되지 않아 무거운 쇳덩어리를 분해, 조립하느라 모두 심신이 지쳐서 절망의 상황이었다.

필자는 모두의 눈빛을 둘러보고서 가만히 조용히 눈을 감고 "하느님 제발 도와주세요!"라고 빌었다. 그리고서 "이제 마지막으로 한 번만 더 해봅시다!"하여 주기관에 부착하여 시험하니 작동되었다.

몇 번을 되풀이 하여 시험해도 잘 작동되었다. 선장에게 보고하여 도선사가 재승선하고 일점계류장치[10]에 계류하여 원유적재도 마쳤다. 그 후에 예비품을 보급받아 교환할 때까지도 잘 작동하였었다.

필자는 이성적으로는 설명이 안 되는 현상이라 '하느님의 도우심'으로 믿고 있다.

'하느님이 보우하사 우리나라 만세!'라는 애국가를 부르는 우리는 축복 받은 국민으로 생각된다.

② 균열 주기관 배기관 화재

주기관 배기관의 균열은 필자가 승선하여 인지하고 있었으나 위치가 높은 곳이라 접근이 어렵고 워낙 다른 고장들이 연속적으로 발생하

---

10) 일점계류장치(Single Point Mooring, SPM) : 초대형 유조선 VLCC가 원유를 싣거나 육상탱크로 보낼 때에 바다 가운데에 있는 buoy에 계류하고 원유 호-스에 연결하여 한다. 흔히 사용하는 Single Buoy Mooring은 오류이다.

여 적절한 조치를 취하지 못하고 있었다.

2002년 12월 11일 기관실에서 발전기 정비작업을 마치고 주위의 바닥 철판들이 너무 더러워서 석유를 뿌리고 대걸레로 청소를 하는 중에 배기관에 불이 붙어 급히 물줄기로 쏘아서 소화했었다. 생각해보니 배기관 안쪽은 약한 부압상태에 있으므로 밑의 기름청소의 유분들이 빨려 올라가자 고온의 배기에 의하여 발화된 것으로 판단되었다. 만약 화재가 사람이 없는 밤에 발생하였더라면 기관실 전체의 화재로도 확대될 수 있겠다는 생각에 아찔하였다.

주기관, 발전기, 보일러 등의 배기관의 균열은 가볍게 방심하지 말고 석면 또는 고온의 단열재로 둘러싸서 기관실내의 유분이 흡입되지 않도록 조치를 신속히 취하였다가 독킹 수리기간 또는 적절한 빠른 기회에 수리를 권장한다.

③ 주기관 공기냉각기 누설

공기냉각기의 튜브들에서 누설되어 해수가 소기공기와 함께 엔진으로 들어가면 배기가스와 만나 황산이 되어 부식을 촉진하고 실린더 오일도 유화되어 윤활의 기능을 상실하므로 피스톤 링의 마모가 급속도로 진행되어 피스톤 링의 절손 및 블로우 바이 등이 발생할 위험이 있다.

④ AMS 전원부 컨덴서 변색

예비 PCB가 있다면 교체하면 될 것이나, 없다면 변색된 컨덴서 만이라도 교체하면 될 것이다.

　방치하면 AMS 화면 일부 또는 전부가 먹통으로 될 수도 있다. 노후선에서는 자세히 살펴야 한다.

　장기간 사용 중 발열에 의하여 변색된 것이다.

노후선 실상 2 : VLCC, 발전기 피스톤 크라운 파손

운전 중 파손 된 피스톤 크라운, 스터드 볼트, 너트 등

발전기 피스톤 파손 : 피로 파괴

발전기 피스톤의 파손 :

발전기 운전 중 피스톤의 크라운(= 상부)과 스커트(=하부)를 결합하는
스터드 볼트(stud bolt)가 '피로 절손'되어 발생한 사고이다.

기관제어실(Engine control room, ECR)의 '주 배전반'의 전원 전압이 흔
들려서 즉각 발전기를 교대운전하고, 점검한 결과 피스톤의 파손을 발
견하여 교환, 정비하였었다.

선박은 수명이 다 할 때까지 2~3회 매선에 의하여 선주가 바뀌는데,
이때 중요한 것은 각종 기기들의 운전시간이다.

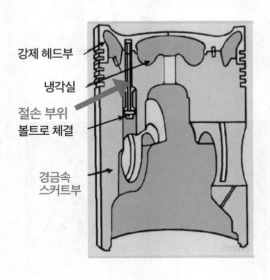

강제 헤드부

냉각실

절손 부위
볼트로 체결

경금속
스커트부

IMO의 권고에도 불구하고
매선으로 인한 선원교대 시에
운전시간 등의 기록들의 인
계, 인수가 잘 이루어지지 않
는다.

이 사고도 운전시간 기록
이 인계되었더라면 약 20,000
시간을 기준으로 스터드 볼트
를 교환해주면 예방할 수 있었
다고 생각된다.

118

노후선 실상 3 : VLCC, 공기 압축기, 피로파괴

피스톤 파괴

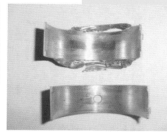

베어링 손상

노후선 실상4 : VLCC, 해수 라인 동맥경화

해수 밸브와 파이프 내부에 스케일 부착이 많아 소제 및 교환

노후선 실상5 : VLCC, 보일러 F.O. 압력 맥동

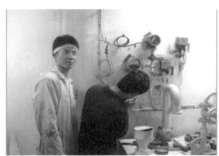

보일러 F.O. 압력 전송기 분해 소제 후 조립

보일러 유량제어 밸브, 컨트롤 릴레이 분해, 소제

노후선 실상6 : VLCC, 보일러 F.O. 압력 맥동, 화재 위험

VLCC 보일러 FO 압력 맥동 :

보일러 내부 내화벽돌 수리 후 외부
케이싱 수리 장면

2002년 9월 5일 경 중동에서 싣고 온 원유를 울산에서 육상으로 보내고 있었다. 보일러 근처에서 필자와 3기사가 둘러보고 있었는데 3기사가 "기관장님, FO(연료) 압력 헌팅합니다."라고 외쳐서 보일러 전면에 부착된 압력계를 보니 5~6K 압력이 맥동하며 보일러 케이싱(casing) 전체의 진동도 느껴졌다.

순간 신속히 FO 유량 제어 밸브(FO Flow Control Valve)에 가서 '자동에서 수동으로' 바꾸어 적당한 압력이 되게 조정하여 무사히 하역작업(discharging)을 마쳤다.

노후선 VLCC인지라 다이아프람의 신축성이 떨어지고 또 끈적한 '에어 드레인'이 있으면 갑자기 헌팅이 발생할 수 있어 주의하여야 한다. FO 압력 헌팅은 보일러 내에서 연소 압력의 맥동을 동반하여 '진동연소'가 발생하고 내화재(refractory)의 균열, 무너짐의 원인이 된다. 내화재가 무너지고 고온의 연소가스가 보일러 외부 케이싱에 직접 접촉하여 적열(赤熱)되어서 화재의 위험도 있었다.

출항 후 케이싱 내부에 '앵커 볼트'를 용접하고 긴급 청구한 내화재를

쌓아 올려 연소실 내부 수리를 하였었다. 내화재의 손상은 그전에도 몇 번 '진동연소'가 있었다고 생각되었다.

노후선 실상7 : 발전기 자동전압조정 회로기판 고장

　노후선에서는 전자부품들도 심심찮게 고장이 나서 안전운항에 위협이 된다.

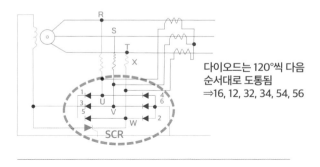

자동전압조정기(AVR)

노후선에서는 전자부품들도 심심찮게 고장이 나서 안전운항에 위협이 된다!

다이오드는 120°씩 다음 순서대로 도통됨
⇒16, 12, 32, 34, 54, 56

　항해 중 갑자기 발전기 전압이 불안정하여 신속히 발전기 교대 후 조사하니, 점선 표시의 여자전류 PCB(인쇄회로기판) 고장인데 예비 PCB 없어 어려움을 경험하였다.

* 발전기 3대 중 1대가 없어진 것과 같은 상황이며 감항능력에 심각한 타격이 되었다.

연안여객선 선령제한 : 연구 논문, 찬성 못해!

국내 연안여객선 선령제한 제도의 적정성을 판단하기 위해, 해외 여러 선진국에서는 연안여객선에 대해 어떠한 선령제한 제도가 있는지 조사하여보았으나, 예상과는 달리 유럽 및 일본 등의 해양 선진국에서는 노후 연안여객선에 대해 선령으로써, 그 운항을 제한하는 국가는 전무하다는 것을 알 수 있었다. 다만, 대부분의 해외 국가에서는 노후 연안여객선에 대한 철저한 선박검사를 통하여, 안전항행에 지장이 없다고 판단되는 선박들에 대해서는 선령에 관계없이 운항이 가능하도록 하고 있었으며, 이는 앞서 살펴본 국내 연안여객선 선령제도의 초창기 제도와 그 틀을 같이하고 있음을 알 수 있다. 하지만, 국내에서 연안여객선 선령제한 제도가 처음 시행되던 시기에 비해, 현재 국내 및 세계적인 조선기술이 비약적으로 상승하였고, 선박을 건조하는데 사용되는 강재의 질 역시, 예전과는 비교할 수 없을 정도로 발달하였음에도, 국내에서는 노후 연안여객선의 구조적 안전성 등에 대한 고려없이, 단지 선령만으로 운항을 제어하고 있는 실정임을 알 수 있었다.

현행 여객선 선령제한의 적정성 판단 및 개선방안 연구(24/68쪽)에서
S대학교 해양시스템공학연구소 2006. 10.

124

필자가 국내 학술단체 및 해양·수산 관련기관을 검색하여 '여객선 선령제한'에 관한 논문으로 위의 하나를 찾아서 검토한 결과 선령 15~20년 되는 여객선의 선장, 기관장이나 선박회사의 공무, 해무감독으로 근무 경험이 없는 것으로 생각된다. 원칙으로서 검사를 철저히 하고 검사에서 안전하다고 인정되면 선령제한 없이 운항되는 것에 동의한다. 강재의 발달로 선체의 구조적 안전성은 향상되었을지 몰라도, 선박에 설치된 각종 장비들의 수명을 고려하면 찬성할 수 없다.

노후선은 예비품 제조사가 없어졌거나 있더라도 보급에 6개월 이상 걸리는 경우가 허다하다.

노후선의 안전 운항은 생각과 달리 현실은 정말 어렵다. 경험해 보지 않으면 모른다.

가정용 TV 수상기나 냉장고를 20년 가량 쓰다가 고장나면 부품이 있어 쉽게 수리가 되는가?

선박사고 분석 전문가 정대진의 견해(노란색 부분)

세월호 참사 5주기 2019년 4월 16일 화요일 제7833호 문화일보

매년 느는 선박사고…"선령제한 하향·준공영제 도입 시급"

전문가들 "특단 대책 마련을"
15년 넘은 선박 40%에 육박
전자무용 능 납격하게 노후화

국가연합 키워 공공성 높여야
'비상집합장소' 미적용도 문제

■ 2014년 세월호 참사 후 5년간 각종 해안 선박 사고가 3배가량으로 늘어난 것으로 드러나면서 제2의 세월호 참사 근본적으로 예방하기 위한 특단의 대책이 시급하다는 지적이 제기되고 있다. 선박사고 전문가들은 △선박 노후화 문제 해결을 위한 여객선(船齡) 제한 하향 변경 △국내 연안 여객선 비상집합 소 적용 등이 시급하다고 지적하고 있다.

■보고싶다 — 세월호 참사 5주기를 맞은 16일 오전 세월호 희생자 유가족들이 전남 진도 팽목항 인근 사고해역을 찾아 희생자 이름을 부르고 있다. 연합뉴스

일반인 희생자 추모제 찾은 황교안
"무거운 책임감… 사죄 말씀 올린다"

"맹골수도 4·16기록관 어떻하나"
"현장 보존"vs"준공영 타격"
대책위-진도군 의견차 팽팽

문화일보 보도 2019. 04. 16

126

필자는 2014년 12월 4일 부산상공회의소에서 개최된 제29회 해양사고방지 세미나에 참석하여 인천~산동반도의 국제여객선과 인천~제주의 국내 연안여객선의 안전기준의 수준에 관하여 '바다에 존재하는 고유의 위험이 같으며, 승객들의 생명의 소중함도 같으므로 안전기준에 차이가 없도록 정부의 정책 전환이 필요하다.'고 역설하였다.

* 필자가 깊이 생각해 보니 연안여객선의 운항이 원양선보다 위험성이 높다고 판단되어 8년간 연안화물선, 다시 8년을 원양 LNG선 선장을 하였던 김종헌 대학동기에게 물으니 몇 배로 비교할 수 없는, 훨씬 위험성이 높다고 말하였다. 해양수산부의 정책개선 필요하다.

연안여객선, 비상집합장소 설치하라!

2015. 5. 22 인천항, 오하마나호 비상집합장소

SOLAS 제3장/B편/2절 Regulation 25.2: ample room for marshalling and instruction of the passengers, at least 0.35m3 per passenger.
SOLAS 2-2장/D편 Regulation 13 3.2.4.: slip-free surface underfoot

* 국제협약은 승객당 0.35m^{3}의 비상집합장소와 미끄럼방지의 바닥을 규정하고 있다.

* 일본은 국제협약 SOLAS 규칙대로 비상집합장소가 있는 여객선을 만들었다.

비상집합장소가 있었더라면 사고는 달라졌다.

사람이 가장 위험한 화물이다.

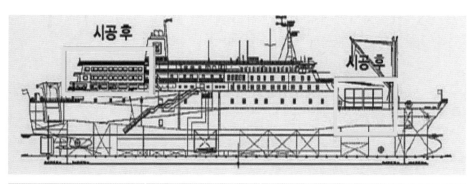

구분	개조 이전	개조 이후	비고
총 톤수	6,586톤	6,825톤	239톤 증가
만재배수량	9,907	9,907	변화없음
경하중량	5,926	6,233	307톤 증가
재화중량	3,981	3,674	307톤 감소
화물적재 최대량	2,437	987	1,450톤 감소
선박평형수 적재량	370	1,703	1,333톤 증가
최대 승선 인원	840명	956명	116명 증가
무게 중심	11.27m	12102m	832cm 상승

"비상집합 장소"가 넓어져야 하는데 없어져!

모든 상선에도 있는 비상집합장소를 여객선에서 없애다니!

필자는 세월호 사고를 연구하기 위하여 많은 곳을 갔었고 많은 사람들을 만났었다.

인천에서 들은 바로는 "항해사가 선장에게 왜 비상소집훈련을 하지 않느냐고 강력히 항의하자 비상소집훈련을 했었는데, 그 항해사가 사직하고서 후에 보니까 훈련을 하지 않더라."였다.

세월호 사고는 '비상소집장소'를 없애도록 허가하고 훈련을 하지 않은 결과가 아닌가?

왜 18년 운항하다가 더 이상 안전운항이 안 되니 운항 중단한 고철을 도입하도록 허가했는가?

노후선의 실상을 몰라도 너무 몰랐다.

운항 중단한 여객선은 배가 아니다. 해체될 고철 덩어리였다.

사람이 가장 위험한 화물임을 깨닫지 못한 결과이다.

* 선진국도 되었고, IMO 사무총장도 본국 출신인데, 최저의 안전기준도 적용하지 않아 사고가 난다면 국가의 국제적 큰 망신이 된다.

조선·해양 강국이라는 말에 어울리게 안전기준을 높여 사고예방에 솔선수범하자.

130

층 연결계단 넓이 : 1994 에스토니아호 사고의 교훈

IMO 총회 Resolution A. 757(18) 1994. OCT. 1. : 인체 공학적 설계 중요!

MV ESTONIA Accident 28. 9. 1994

Summary : 852명 사망

What made the outcome so serious ?

왜 이렇게 많은 사람이 희생되었는가?

The narrow passages in accommodation areas and the staircases quickly became crowded with injured and panic-stroken people.

좁은 통로와 층간 연결계단이 좁았다.

It was almost impossible to reach open decks when the list was more than 30°. Only about 300 people reached outer decks.

세월호 사고 이후 국내에서 건조되는 연안여객선의 경우 통로나 계단의 넓이는 'IMO 규정'에 맞는 인간공학적 설치를 해야 사고 시에 많은 인명의 안전을 지킬 수 있다.

여객선 안전관련 국제세미나(2014. 10. 30.)
뒷줄 왼쪽에서 첫 번째가 필자

* 주최 : 고려대학교 해상법연구센터 소장 김인현 교수(선장)

* 한국, 일본, 중국, 홍콩의 전문가들이 각국의 여객선의 안전관련 제도에
  관하여 발표를 하였으며, 요약하면 중국은 선령 10년 이상은 도입 불허,
  일본은 자국 건조 연안여객선에 정부의 지원이 있었다.

선박설비규정 : 정책 개선 요

국제해사기구 결의의 효력 : (안전을 위한) 국제적 최저기준

한국해양대 이윤철 교수 2007. 7 한국마린엔지니어링학회지 31권 5호

* 선진국 미국, 독일의 '정부규칙' 〉 '선급규칙' 〉 우리나라 '선박설비규정' 등

* 필자가 과거 1995년 경 중견 조선기자재 업체에 기술이사로 근무하였을 때의 경험이다. 보일러를 제작하여 현대, 대우중공업에 납품인데 선급규칙보다 더 엄격한 조건이었다.

　조선소의 담당자에게 문의하니 미국, 독일 등 선진국은 정부규칙이 선급규칙보다도 더 엄격하다는 설명이었다. 자국 국민의 안전을 위해서였다.

* 국제협약과 선급규칙 등은 최저 규칙이므로 국내법에 미수락 또는 완화하면 안전에 역행이 된다.

* 중·장기 계획에 의하여 선박설비규정을 업그레이드 하라.

국내 건조 연안여객선 : 복원성 관리, 비상집합장소

목포-제주 항로에 투입될 2만 7,000톤급 카페리인 '퀸 제누비아(Queen Jenuvia)'호이다. 길이 170m, 너비 26m, 높이 14.5m이다. 최대 1,284명의 승객과 승용차 478대, 25톤(t) 트럭 88대 등을 싣고, 최고 21.8노트의 속도로 운항할 수 있다. 유럽형 크루즈급 인테리어를 적용한 116개의 고급 객실과 더불어 대형 아트리움, 분수대, 오픈 테라스, 영화관, 펫룸 등의 부대시설이 있다.

[서울경제 2020년 9월 8일 장지승 기자] 부분인용

2만 7000t급 인천~제주간 Ro-Pax(여객화물겸용선) 비욘드 트러스트(BEYOND TRUST)호이다. 길이 170m, 너비 26m, 높이 28m, 850명의 승객과 487대의 승용차, 65개의 컨테이너를 싣고 최대 23.2노트로 운항한다.
화물의 중량을 위치별로 실시간 모니터링해 복원성을 확인하는 '실시간 화물 중량 관리체계'를 갖추는 등 안전운항에 획기적인 개선을 이루었다.

[국민일보 2021년 12월 8일 정창교 기자] 부분인용

* 비상소집장소의 바닥에 '미끄럼 방지 페인트'는 계속적인 성능의 유지가 중요하다.

* 운항비가 수입보다 더 많이 드는 시기인 선령 10년 전후에 외국으로 매각할 수도 있다. '비상집합장소, 미끄럼 방지 바닥, 층간 계단 넓이' 등을 IMO 규정대로 건조하여야 한다.

최악의 세월호 개조 vs 건조 여객선, 급속 탈출 장치

'비상집합장소'를 없애는 개조를 왜 허락했는가? 영세한 선주를 위한 관행이었다고?

세월호 사고에 있어서 필자가 가장 안타깝게 생각하는 원인 중의 하나이다. 여객선에 있어서는 무엇보다도 '생명의 안전'이 제일 아닌가? 그리고 모든 선박에서 '비상집합장소'를 지정해 두고 비상시를 대비한 여러 가지 훈련을 하지 않는가. 그런데 여객선에서 '비상집합장소'를 없애는 개조를 허가하다니?

영세한 선주의 운임수입을 늘려주기 위함이라고 하겠지만 승객보다는 화물 운송수입이 주 수입이 아닌가? 안전을 희생하여 작은 경제적 이득을 얻으려 한 결과로 너무도 큰 대가를 치루지 않았는가?

여객선에서 'ⓐ 비상집합장소의 공간 ⓑ 미끄럼 방지의 바닥 ⓒ 층간 연결계단의 넓이' 등의 규정들은 과거의 사고의 연구 결과를 각국의 대표들이 합의하여 정한 것이 아닌가?

최근 국내 신조 여객선들의 '비상집합장소'는 편의취적으로 승객당 0.35m³ 규정은 면제받은 대신에 바닥엔 미끄럼방지 페인트칠을 한 비상집합장소에 항공기와 같은 급속탈출시스템을 접목하여 30분에 전 승

객이 탈출할 수 있게 하였다. 조선설계의 창의적 변화라고 평가할 수 있겠다. 수년의 운항이 지나면 정확한 평가를 할 수 있을 것이며 결과에 따라 IMO에 비상집합장소의 개선안을 건의할 수도 있을 것이다.

해양수산부의 '선박설비규정'에도 IMO 결의를 따라 '비상집합장소'를 설치하는 규정을 추가하되 동등한 기능을 갖는 시설도 허용하면 좋겠다.

IMO 본부 결의 : 최저의 안전 기준

* 세계 175개국의 정부 대표들이 모여서 바다에서의 안전 및 해양환경 보전을 위한 각종 국제협약, IMO 규정 등을 정한다. 유엔산하 전문기구. 영국 런던에 있다.

여기서 결의되는 것들은 '안전을 위한 최저의 기준'이므로 꼭 준수되어야 한다.

* 필자는 2012년 2월 말 IMO MEPC 제63차 회의에 참석하여, 조선·해양의 강국인 한국이 세계를 위하여 공헌하여 줄 것을 바라는 열망을 IMO 관계자로부터 들었다.

2 M4H01873-IMO 정면

4)해상재난이 된 요인 : 해양경찰 1

(1) 진도 VTS 근무 불철저

이미 언론보도와 재판 과정에서 사고의 피해를 줄이는데에 기여하지 못하였음은 사실이다.

또한 통과보고의 누락, 사고의 조기 발견, 대응 등에서 부족하였다. 사고를 가장 빨리 알 수 있는 현장의 직무수행은 철저해야 함은 재론의 여지가 없다고 생각된다.

(2) 해경청장 임명의 부적절

필자는 상식적으로 생각할 때 해상사고를 적절히 대비·대응하여 피해를 최소한으로 할 책임은 최종적으로 현장 최고 지휘관인 해경청장에게 있다. 다른 사람 누구에게 있을 수가 없을 것이다.

세월호 사고 현장에 출동한 해경청장이 아무런 실효적인 조치를 못하였음은 매우 안타까웠다.

'지휘자는 위기에 빛난다'는 말이 있듯 위기를 감당할 능력이 없으면 지휘자가 되어서는 안 된다.

그러나 우리의 현실은 육상경찰(육경)에 오래 근무한 후에 해경청장으로 임명되는 것이 관례라 누구도 이상하게 생각하지 않았다. 육경과 해경의 전문성이 달라도 너무도 많이 다르지 않은가?

잘못된 제도를 유지해온 결과 대참사를 맞았다고 분석한 필자는 비공개 강의에서 직업 공무원의 전문성을 중시하여 '육군 장군을 해군참모총장으로 임명하는 식'의 해경청장 임명이 잘못되었다고 강조해 왔다. 뉴스에도 강의하였던 말 그대로 나오면서 오영훈 의원의 대표 발의에 의하여 '해양경찰법'이 2019년 8월 공포되고 제12조에 해경청장은 해경에서 15년 이상 근무한 치안감 이상의 자로 임명하도록 되었다. 해경 창설 1953년 12월 이래의 '내부 승진'의 숙원이 66년 만에 이루어졌다. 나라를 위하여 참으로 다행하게 생각한다.

바다와 선박에 충분한 전문성을 가진 해경청장이 조직을 이끌어 해상사고에 대비·대응한다면, 다시는 세월호와 허베이 스피리트호와 같은 해상재난은 없을 것이다.

해상재난이 된 요인 : 해양경찰 2

(3) 해상재난 대비·대응 부실

2014년 4월 16일 참사는 누구나 정말로 다시 떠올리기도, 언급도 싫은 것이었다. 그러나 필자는 반드시 이런 해상재난인 참사를 예방하겠다는 생각에 가득 차 사고의 원인 연구와 분석에 노력하였었다.

또 필자는 과거 2007년 12월 7일 충남 태안 앞 해상에서 발생한 '허베이 스피리트호' 해양오염사고 이후에 부산 해경과 태안 해경이 실시한 해양오염방제훈련을 참관하였었다. 이런 까닭에 세월호의 사고를 당하여 현장에서 벌어지는 대비·대응이 조직적으로 이루어지지 않음을 쉽게 알 수 있었다.

왜 그런지 원인을 찾아보니 육상에서 많은 사고가 발생하듯이 해상에서도 여러 종류의 사고가 많이 발생하고 있지만 전담하는 부서 조직이 없으므로 대비·대응 훈련이 되어 있을 수가 없었다고 판단되었다.

역시 비공개 강의에서 해경의 주요 임무 중에 '해상구난'이 빠져 있다고 지적하였었다.

또한 이웃나라는 신고 접수 후 3분 이내 출동, 구조율 95% 이상이라

는 사실도 덧붙였었다. [11]

그랬더니 마찬가지로 뉴스에 "해경조직이 '임무 중심'으로 개편되었다."고 나오면서 '안전·구조국'이 신설되었음을 알게 되었다.

또한 연안에서의 구조를 효과적으로 수행하기 위하여 3톤 12노트의 작은 구조정들 대신에 내파성이 개선되어 전복되더라도 자동 복원되는 18톤 35노트의 큰 구조정 60척이 전국 20개 해양 경찰서에 배치되었다. 현재는 사고 신고가 접수되면 신속히 현장에 출동하여 99%의 구조율을 달성하고 있다. 해양안전에 큰 관심을 가진 필자는 나라를 위하여 큰 다행으로 생각하며 해양경찰의 노고에 감사와 박수를 보낸다.

5. 제도 개선

장래에 같은 사고를 되풀이 하지 않으려면 현재에 발생한 사고를 철저히 조사, 연구하여 배경이 된 원인들을 모두 분석, 평가하여야 한다. 그렇게 하기 위하여 우선 사고의 성격을 정확히 규정할 필요가 있을 것이다. 관련 용어들을 먼저 살펴 보면 '사건(事件, incident)은 사고를 포함하는 의미로 피해가 있든지 없든지 어떤 위해가 발생한 자체를 사건이

---

11) 여객선 안전관련 국제세미나의 내용 중에서.

라고 한다. 하지만, 사고(事故, accident)는 결과적 의미로 위해에 의해 피해가 발생한 상황을 말한다.

또한 앞서 설명한 바와 같이 사고 중에서도 해당 지역사회의 대응능력을 초과하는 대규모 사고를 재난(災難, disaster)이라고 하는 것이다. 재앙(災殃, catastrophe)은 재난 중에서도 이성적으로 생각할 수 있는 수준 이상의 대규모 재난을 의미한다.'(재난관리론 임현우 박영사 43쪽)

사람마다 생각이 다르겠지만 세월호의 사고를 객관적으로 규정한다면 재난을 넘어 재앙이라 할 수도 있을 것이다. 사고는 발생하지 않게 100% 완전하게 예방할 수는 없다. 다만 발생 가능한 사고들의 종류, 위험도, 발생빈도들을 분석, 평가, 예측하여 대비와 대응을 잘하면 사고의 수준에서 수습할 수가 있어 재난이나 재앙으로 확대되지는 않을 것이다.

필자가 세월호 사고를 분석해 보니 관련되는 모든 곳에서 문제가 있어 보였다. 하지만 '세월호'라는 말은 얘기조차 하지 못하게 하는 알러지성 반응을 보이는 사람들이 많아 외롭게 제도개선을 위한 노력을 하였다. 그나마 고려대 김인현 교수의 '여객선 안전 관련 국제세미나'는 가뭄의 단비라 할만한 것이었다.

관심있는 분들이 적극 참여하여 많은 제도개선을 제안하여 주실 것을 소망하며 우선 필자 나름의 비공개강의를 통하여 개선된 것과 추가로 더 필요한 것들을 정리하여 표를 만들었다.

5.1 김영춘 해양수산부 장관 재직 중

항목	개선 전	개선 후	비고
1. 해경청장 임명	육경 출신 *육군장군→해군참모총장	해경 15년 이상 근무한 치안감 이상의 자	전문성 제고, 해양경찰법 제정, 12조
2. 해경 조직	해상사고 대비·대응 *전담 조직이 없음	구조·안전국 신설 *임무 중심 개편	도상·해상 훈련 실시, 국민 생명·재산 보호.
3. 해상사고 대응	사고대응 능력 부실 *3분이내 출동 필요 *구조율 95% 달성 요	구조정 4톤 12노트에서 18톤 35노트, 60척 배치 구조율 98% 달성	구조·수색 국제공조 어선 협력체제 강화 중·소 조선소 활성화
4. 해상 안전	국가기관 능력 부족 (선박안전기술공단)	한국해양교통안전공단 (확대 개편)	해상안전 국가능력 강화
5. 여객선의 개조	허용, 선주의 권리 *안전에 역행	개조 금지	비상집합장소 확보, 복원성 유지
6. 여객선 도입	노후 중고선 도입 선령제한 25→30년 *안전에 역행	국내에서 건조 선주 출자 10% 정부출자 50% + 펀드40%	2016. 11. 연안여객선 현대화펀드제도 실시 중·소 조선소 활성화
7. 도서 주민	영토 분쟁 기도 *실효적 지배 이해 부족	유인도 유지 강화, 확대 주민 생활편의 강화	교통비 지원 20→50%, 행정선 이용 대폭 확대 병원선 의료 취약지역

해양경찰청장 임명 개선 : 전문성 배양

"모든 전략은 전쟁에서 나왔다."는 말을 잘 음미해 볼 필요가 있다. 군대는 왜 육군·해군·공군으로 나누어져 있을까? 재론의 여지가 없이 전쟁을 수행하는 장소의 차이와 전문성일 것이다. 같은 군인일지라도 육지에서의 전쟁은 육군이, 바다에서의 전쟁은 해군이 담당하고 있음은 잘 알고 있는 사실이다.

필자는 세월호 사고 당시에 해경청장이 현장에 헬기로 출동하였지만 사실상 실효가 있는 조치를 취하도록 조직을 지휘하지 못하였던 원인은 해경청장에 상응한 전문성이 뒷받침된 능력의 결여라고 판단하였다. 이는 해경의 조직 라인을 따라 내려가면서, 서해 해경청, 목포해경서, 진도 VTS에서의 임무가 상호 조직적으로 현장에 작용하지 않는 것과 일맥상통하는 것으로 생각되었다.

만약 해경청장이 육경(=육상 경찰) 출신이 아니고 해경(해양 경찰)에서 오랜 기간에 바다와 선박에 대한 전문성을 가져서 해상사고에 적절한 대응을 해낼 수 있는 능력이 길러지고 청장까지 승진하였다면, 해경이 그런 조직체였다면 목포해경서와 서해해경청에서도 충분히 대응할 수 있었을 것으로 생각되었다. 그래서 청장부터 사고 현장까지 전문성을 확보하는 방향으로 조직의 개선을 확보하기 위해서는 우선적으로 고위 육경을 해경청장으로 임명하는 관행을 개선하여야 한다고 판단하였다.

　필자는 개선의 필요성에 강한 호소력을 주기 위하여 "육군 장군을 해군참모총장에 임명하는 식"은 안 된다. 전문성과 능력이 길러져야 한다고 강조하였었다. 위기를 당하여 극복해 내는 지휘관이 진정한 의미에서 지휘관이라 할 것이다. 그런 능력은 단기간에 길러지지 않는다. 이런 이유로 2019년 8월 제정된 '해양경찰법' 제12조에는 해경에서 15년 이상 근무한 치안감 이상의 자로 임명하게 되었다. 뉴스에 필자의 말대로 "육군 장군을~"이 나왔다. 국민을 위하여 다행으로 생각한다.

　육상면적의 4.5배를 20개 해경서가 담당하므로 해경서장으로 승진하기까지는 승함경력과 영해경비, 해상치안과 교통, 해상구난, 해양환경보호 등에 직무교육을 통한 지휘관 능력제고가 필요할 것이다.

해경 조직 : 구조·안전국 신설

　세월호 사고의 현장에서 해경이 대응하는 것을 보며, 필자는 해상사고에 대한 대비·대응이 전혀 훈련이 되어 있지 않아 조직적이지 못하다는 생각이 들었다. 그래서 해경의 조직 체계를 보고서는 깜짝 놀랐다. 육상에만 사고가 많이 나는 것이 아니라 해상에도 사고가 많이 발생하지 않는가?

해상사고를 전담하는 조직이 없었다. 구조계가 있다가 폐지되었다니 도무지 이해가 안 되었다.

나라의 삼면이 바다이며, 영해의 면적은 우리의 육지 면적보다 4.5배나 더 넓지 않은가?

역시 비공개 강의에서 해경의 임무들을 나열하며 영해경비, 해상구난, 해상치안 유지, 해양환경보호를 설명하였었다. 그리고 뉴스에 필자의 강의대로 '임무 중심으로 해경의 조직을 개편하였다'고 나왔다.

'해양경찰백서 2018'을 확인해 보니 구조·안전국이 신설되었음을 알게 되었다. 이로써 육지에서와 같이 바다에서나 국민의 생명과 재산을 보호하는 국가의 의무를 충실히 수행할 수 있는 시스템이 갖추어진 것은 뜻깊다 할 것이다.

해경 조직 : VTS의 역할

세월호 사고 당시에 '진도 VTS'의 근무가 불성실하여 사고에 신속, 적절한 대응을 하지 못하였음은 잘 알려진 사실이다. 해상사고를 가장 신속, 정확히 알 수 있는 곳에서 신속, 정확한 상황의 전파 및 적절한 대응을 취하도록 해경의 조직 내에서의 역할에 대한 연구와 노력이 필요하다.

㉠ VTS 센터장은 해경서장과 통신을 유지하여 적기에 구난세력이 동

원되어야 한다.

ⓛ 침몰, 좌초, 화재, 유류 유출 등 중요 사고의 유형과 심각도 1~4 등급
에 따라 각급 해경서, 지방 해경청, 해경 본청 등이 대응할 체계를 갖
추어 훈련하며 성과를 평가하여 업그레이드 해나가면 좋을 것이다.

ⓒ VTS 센터 요원들의 교육 과정에 국제법, 국제환경법, OPRC-HNS 의
정서, 1982년 유엔해양법협약 등이 있었다면 2007년 12월 7일 '허베
이 스피리트호' 선장을 설득하여 일찍 앵커를 뽑아서 피항을 하였으
면 사고를 예방할 가능성이 있다는 생각에 필자의 안타까움이 크다.

국제 환경법의 일반원칙은 1972년 스톡홀름 선언, 1982년 세계자연
헌장, 1992년 리우 선언 및 수많은 국제환경 협약들 그리고 각국의
환경관련 국내법 속에 반영되어 적용되고 있다. 이러한 문서들을
종합해보면, 국제환경법의 주요한 일반 원칙으로는 환경손해를 야
기하지 않을 책임의 원칙, 협력의 원칙, 사전주의 원칙, 예방의 원
칙, 공동이지만 차별적인 책임의 원칙, 지속가능한 발전의 원칙, 오
염자 부담의 원칙 등이 국제환경법상의 원칙에 해당한다.

국제환경법, 이재곤 박덕영 박병도 소병천, 박영사 2015년 6월. P70~86 참조

필자는 '대산 VTS' (당시는 해양수산부 소속, 현재는 해경 소속임)의 책임
자에게 문의하였던 바 '허베이호'가 항계(港界) 밖이라 강력하게 조치를
취할 수 없었다는 답변을 들었었다. 마음에는 흔쾌히 납득이 되지 않
았었다.

그러다가 '유엔해양법협약 제12조'에 '묘박지는 일부 또는 전부가 영
해의 밖에 있을지라도 영해에 포함된다.'는 조항과 제194조 1항 '모든 국
가는 개별적으로 또는 적절한 경우 공동으로, 자국이 가지고 있는 실제
적인 최선의 수단을 사용하여 또는 자국의 능력에 따라 모든 오염원으
로부터 해양환경오염을 예방, 경감 및 통제하는 데 필요한 모든 조치를
취할 의무가 있다.'고 규정하고 있음을 알게 되었다.

국제환경법의 일반적 원칙 7가지 중 '사전주의 원칙'은 "해양환경의
피해가 회복할 수 없거나 상당한 비용과 오랜 기간이 소용되어야만 치
유될 수 있는 경우 조치를 취하기 전에 침해효과의 증거를 기다리지 않
아야 한다."는 인식을 반영하고 있다. [12] 위험·유해물질 오염 대비·대응
및 협약에 관한 국제협약(OPRC-HNS Protocol)에도 오염예방을 위한 협

---

12) 국제환경법 이재곤 박덕영 박병도 소병천, 박영사 2015년 6월. P70~86 참조

력을 규정하고 있다. 따라서 이러한 규정들을 '허베이호' 선장에게 잘 설명하였다면 사고는 예방될 가능성이 있었을 것이다.

해경 VTS 교육과정에 국제협약 부분이 누락되어 있으므로 보완이 필요하다.

United Nations Convention on the Law of the Sea
(UN해양법 협약)

Article 12 Roadsteads(묘박지)
Roadsteads which are normally used for the loading, unloading and anchoring of ships, and which would otherwise be situated wholly of partly outside the outer limit of the territorial sea, are included in the territorial sea(묘박지는 전부 또는 일부가 영해의 바깥 한계 밖에 있는 경우에도 영해에 포함된다).

해상사고 대응 : 대대적 시스템 개선 및 훈련

크고 빠르고 내파성이 좋은 연안 구조정 60척이 해경 파출소들에 배치되어 구조율이 99% 이상으로 획기적으로 개선되었음은 앞서 기술한 바 있다.
덧붙여 해상에서 인명구조 훈련, 도상 훈련과 더불어 이웃 나라들과 '수색과 구조'의 공조에 관한 MOU 체결과 국제회의에 참석 등은 해경이 임무를 세계 표준으로 수행하리라는 전망을 가능케 하는 일로서 찬사를 보낸다.

불시 인명구조훈련. 인천해경 2020. 7. 24

민관군합동 잠수훈련 인천해경 2020. 5. 28

민관군합동 재난대응훈련 인천해경
2021. 6. 22

한국해양교통안전공단 출범 :

　세월호 사고를 계기로 연안 여객선 및 어선들의 안전을 강화하기 위하여 기존의 '선박안전기술공단'을 확대·개편하여, 2018년 12월 31일 한국해양교통안전공단법 제정에 의하여 '한국해양교통안전공단'이 출범하였다. 이는 IMO의 최근 정책과도 일치한다.

　해상에 있어서 국민의 생명과 재산을 보호하는 목적을 충실하게 달성하기를 축원한다.

노후 여객선 도입 금지, 국내 건조 대환영

　필자는 비공개 강의에서, 일본에서 안전 운항이 더 이상 되지 않으니 운항 중단한 노후선을 도입하도록 허가해 준 당국의 정책을 세월호 사고의 큰 원인의 하나로서 지적한 바 있다.

　정부는 20년이던 선령 제한을 1991년 5년, 범위 안에서 연장할 수 있도록 허용해 최대 25년으로 늘려줬다. 2009년에는 매년 선박 안전 검사를 실시해 통과해야 한다는 단서를 붙이긴 했지만 최대 30년까지 운항할 수 있도록 허용했다. 해수부 관계자는 "페리와 같은 여객선의 건조 비용이 많이 들어 영세한 여객선 업체들이 어려움을 호소하자 선령 제한을 완화해준 것"이라고 설명했다. 일본은 선령 규제가 없지만 20년 이상 된 여객선은 거의 없다. 노후 선박은 고장이 자주 발생해 20년이 경과하기 전에 해외로 매각하기 때문이다. 세월호가 일본에서 운항 중이던 2009년 5월 항구 정박 중 노후한 전기 배선 합선으로 화재가 발생한 적이 있다. 인명 피해는 없었지만 조리실, 천장, 벽이 일부 불탔다.

　마루에 페리사는 세월호를 18년간 운항한 후 청해진해운에 매각했다. 일본의 포털사이트에는 '선박 대국이라는 한국이 왜 일본의 중고 선

150

박을 사들이는지 이해가 가지 않는다'는 글들이 올라오고 있다."

- 일, 네티즌 '선박 대국 한국, 왜 일본 중고 사는지'

조선일보 2014년 4월 21일에서 인용

다행히 정부는 2016년 11월을 시작으로 2018년 예산을 대폭 증액하여 '연안여객선 현대화 펀드제도'를 실시하여 선주 출자 10%, 정부출자 50%, 펀드 40%로 여객선을 국내에서 건조, 취항시키고 일본의 노후선 도입을 하지 않게 되었다.

세월호와 같은 장래의 사고의 출발점을 없앤 것이다. 또 중·소 조선소 및 장비·부품산업의 활성화와 일자리 창출에도 기여한 일석삼조의 획기적인 제도개선으로 높이 평가할 수 있다.

중 · 러 군용기
KADIZ 독도영공 침입 경로

✈중 군용기 ✈러 군용기

(KADIA)
한국방공식별구역

북한

NLL

KADIZ
중러군용기
4대 동시
재진입

울릉도

동해

독도

서울

한국

08:33

08:40

09:56
KADIZ
최종이탈

09:09
A-50조기 경보통제기
러 군용기 1대
KADZ접근
독도영공 1차 침법
F-15K 대응조치

09:04
울릉도 남방
으로 이탈

09:33
독도 영공 2차 침범
F-15K 2파 대응 조치

07:49
KADZ 재진입
북상

대마도

제주도

일본

06:44
KADZ진입

07:14
JADZ으로 비행

자료: 합동참모본부
19.07.23 뉴시스 그래픽: 전진우 기자

도서 주민 : 고마우신 분들

중국 및 러시아군 비행기들이 심심찮게 우리의 KAD-IZ(한국방공식별구역)을 침범하거나, 일본처럼 독도를 자기네 땅이라 우기며 자국의 교과서에 왜곡된 내용을 싣고 때때로 순시선을 보내서 독도 근처에 접근을 시도하기도 한다.

흔히 바다의 자원은 5% 밖에 개발되지 않았다고 한다. 그래서 해저 자원이 탐나서 우리나라를 넘보는 것이리라 생각된다. 국제적으로 영토 분쟁이 벌어지면 자국의 영토임을 증명하는 가장 유효한 수단이 자국의 국민이 섬들에 살고 있는 '실효적 지배'라고 한다. 그렇다면 섬에 살고 계시는 국민들은 나라에 대단히 고마운 분들이며 또 무인도들은 우리 국민이 사는 유인도로 바꿀 필요가 있다는 생각이 들었다.

그리고 섬들에 우리 국민들이 잘 살 수 있는 환경을 마련해 주어야 하는 것은 국가 차원에서 할 필요가 있다는 생각에서 도서 주민의 생활에 관하여 알아보니 반대의 행정이었다. 그래서 필자는 도서 주민에 대한 정책이 많은 개선이 필요함을 비공개 강의에서 강조하였다.

섬 주민 승선 불가 '관공선' 이동제한 불편 불합리한 제도 개선돼야 도
서민의 교통여건 개선을 위해 현실에 맞는 관련법규 개정 필요(아시아뉴
스통신= 조기종 기자) 기사입력 : 2017년 08월 11일 부분 인용

사례 1

최근 옹진군 연평면 소연평도에 귀어한 A씨에게 황당한 일이 생겼
다. 연평면사무소에 인감등본과 농협에 대출건 연장을 위해 대연평도
를 방문해야 했는데 연평면의 행정선을 이용하면 왕복 40분이면 해결
될 것을 여객선을 이용하면 2박 3일이 걸려야 한다는 것이었다.

사례 2

소청도에 사는 C씨는 저녁식사 후 갑작스런 복통과 혼수상태로 의
식불명에 빠져 애가 탄 가족들이 소청도를 관할하는 대청면에 행정업
무용 선박으로 종합병원이 있는 백령도까지 긴급 호송을 요청하였으나
현재 '선박안전법'에 따르면 행정선은 승선할 수 있는 임시 승선 대상에
환자보호자는 포함되지 않아 호송이 불가하도록 되어 있음에도 주민의

5.2 추가 개선 필요

항목	현재	개선필요	비고
1. 해경 조직	VTS 센터 능력	* UN 해양법, 국제환경법 국제관계 전문성 * 사고대응능력제고 (골든타임)	* 2007.12. 태안앞 해상 해양오염사고 예방 가능. * 사고 종류, 훈련, TRS
2. 해양 사고	분석 전문성제고 예방 정책 소극	* 예방을 위한 연구 활성화 * IMO에 공헌 필요	선박회사, 정부 기관과 민간 연구센터와의 협력연구 강화
3. 선령 제한	30년→25년	외국 연안여객선 수주 (수입 10%, 수출 40%)	현대미포, 대선, STX 등 중·소 조선소와 협력
4. 중·소 조선소 활성화	* 연안여객선 현대화펀드 실시 중	외국 연안여객선 수주 (수입 10%/수출 40%)	현대미포, 대선, STX 등 중·소 조선소와 협력
5. 중·소선 장비 및 부품 산업 활성화	* 여객선 선령 제한 30년→25년 * 정책 개선 필요	* 여객선 10~12년 운항 후 동남아에 매선 (운항비 高) * [중고선+부품] 수출 증대	현대미포, 대선, STX 등 중·소 조선소와 협력
6. 연안해운 선원 수급 자질	* 수준낮고, 저임금 고위험, 고령화.	* 처우 개선, 실무능력 향상 맞춤교육 승선실무지도 전문가팀	안전운항 능력 향상 시급 선원공급부족 적극 해결 요.

* 6항 : 2021. 7. 한국해양대 전영우 교수 '선원문제연구소' 웨비나르 자료 참고

생명보호를 위하여 지원하겠다는 통보를 받고 사랑하는 가족을 지킬 수 있어 안도 하였으나 도서 주민의 권익과 생명보호를 위해 운영하는 관공선이 적법하게 운영되면 주민은 관공선을 이용할 수 없으므로 주민의 생존권 보호에 심각한 위협요소가 된다는 것에 분개했다.

* '주민의 행정업무, 환자 후송 등을 위해 운항할 수 있다.'는 규정을 신설하면 좋겠다. 환자 후송에는 상식적으로 보호자도 당연히 포함되어야 한다.

여객선 선령 제한과 안전검사

선령 15년을 지나면 장비들을 구성하는 부품들의 수명이 되어 크고 작은 고장들이 끊임없이 발생하는 노후선의 현실을 잘 몰랐다 하겠으며 여객선의 운항과 수지를 영세한 선주에 맡겨왔으며 우리 국민들이 거주하는 도서의 중요성을 성찰하지 못하였던 정책의 실패가 세월호 사고의 원인이 되었음을 부정할 수 없다.

사고 당시 검사의 통과를 전제로 선령 제한 30년이었는데 25년으로 5년 단축하였다.

필자는 비공개 강의에서 선령제한을 25년에서 30년으로 늘렸다가 사고가 나니 도로 25년으로, '늘렸다 줄였다'하는 것이 국가의 정책이 될 수 없다고 강하게 비판하였다.

또한 선령제한을 철폐하고 한국선급이 검사를 철저히 하도록 민간의 자율에 맡겨두는 것이 최선이라고 생각한다. 한국선급은 세계의 각국 약 60여개국 정부로부터 위탁검사를 수행하는 세계적으로 우수한 선급이다.

우리도 다른 선진국들처럼 선령제한을 철폐하고 전문기관인 한국선급의 검사에 의하여 운항의 존속을 결정하자.

한국선급의 여객선 검사 전문의 선임검사원이 검사하도록 개선함이 옳다.

과거의 관행을 버리고 다른 선진국과 같은 생명존중의 검사제도를 시행하자.

중·소 조선소, 장비 및 부품 산업 활성화

'연안 여객선 현대화 펀드' 제도에 의하여 국내에서 건조하는 여객선들에는 '비상집합장소'를 설치하고, 이제는 한국이 일본의 노후 여객선을 도입하는 나라가 아니라 IMO 규정에 맞는 여객선을 건조하는 나라임을 알려서 일본의 선주들로부터 수주하도록 하면 좋을 것으로 생각된다.

국내에서 건조한 여객선에 '비상집합장소'가 설치되어 있으면 운항비가 수입을 초과하는 시기가 되면 외국으로 매각하더라도 IMO 규정을 만족하므로 매각이 쉽게 되는 이점이 있다. 국내의 선주는 다시 건조하여 운항하면 중·소선 장비 및 부품 산업의 시장이 외국까지 확대되어 활성화의 방안이 될 수 있다.

연안해운 선원 수급, 자질

2021.7. 한국해양대학교 '선원문제연구소'의 웨비나(Webinar)에 따르면, 다음의 자료와 같이 내항상선의 해기사의 공급부족은 물론 50~60대가 72.3%로 고령화의 심화, 정규 교육을 받지 못한 일반 출신이 70%인 현실을 고려하면 사고는 계속되며 임금이 낮아 젊고 교육을 받은 해기사들이 외면하고 있어 연안해운이 붕괴될 위험이 있다고 진단하고 있다.

필자는 이미 앞에서 연안 상선의 운항이 원양 상선보다도 위험성이 훨씬 높다고 지적한 바 있으며, 저임금도 해소되어야 한다고 생각한다. 왜냐하면 연안상선의 노동강도가 결코 원양상선보다 낮지 않으며 오히려 높을 수도 있다. 이는 필자가 6천 톤 여객선 기관장으로 인천~중국~인천~일본 등의 곳으로 운항하였던 체험에서 우러나온 진정한 애기이다. 처우가 개선되면 자질은 해결된다.

선진 외국들은 자국의 연안해운을 어떻게 지키는지 철저한 연구, 검토를 통하여 우리 연안해운 정책의 혁신이 필요한 시점이다. 더 이상 미룰 수는 없다.

* 내항선 해기사의 연령분포는 2020년 현재, 60세 이상이 53.9%, 50세가 18.4%로써, 내항선 해기사 전체 중 72.3%를 차지하고 있는 것으로 나타났다.
* 20세와 30세는 전체 해기사 중 17.1% 미만으로 젊은 연령층의 유입은 서서히 증가하는 추세이지만, 전체 해기사 비중에서 제한적임을 알 수 있다. : 14년 평균 약 13.8% 정도 유지한다.
* 따라서 시간이 갈수록 60세 이상의 고령층 해기사의 비중이 증가하고 있어 고령화 속도른 증가하게 될 것으로 예상된다.

내항상선 해기사 : 수급전망

내항상선 해기사 수급전망(2021~2030년)

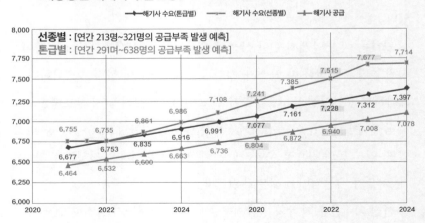

6. 조타기 고장 사고들

조타기 고장은 흔히 차량의 핸들(Steering wheel) 고장에 비유된다. 그리고 고장이 났을 때에 사고로 이어지는 위험성이 가장 높은 것으로 모두가 평가한다. 필자는 과거 승선 중 조타기(Steering gear)와 조타실의 조종대(Steering stand)에는 특별한 관심과 주의를 기울여 정비, 수리를 철저히 하여 사고를 예방하거나 운항효율의 향상을 위해 노력하였었다.

다행히 한국해양대학교에서 조타기를 가르치시던 정태권 교수님과 필자의 오랜 현장 경험을 살려 몇 회 만나서 얘기를 나누며 조타기 고장에 의한 선박의 사고예방에 뜻을 함께 하였다.

필자와 당시 한국항해항만학회장 정태권 교수님이 공동으로 연구하여 '2016년 5월 19일 해양계 공동학술대회'와 '2016년 9월 29일 세계도선사 서울총회' 안전세션(Safety session)에서 발표하였던 조타기 고장 사고 사례, 원인과 대책, 비상조타훈련의 개선 등에 관하여 자세히 알아본다. 선박을 운항하는 실무 현장에서 사고의 예방에 도움이 되기를 바란다.

Non-Follow Up 비추종

제어방법 MODE 선택스윗치 : 자동 수동 비추종

제어계통 시스템 선택 스윗치: No.2 OFF No.1

조타 휠

* 목포해양대학교 실습선 새유달호 2015. 2. 24. 촬영

* 세월호와 같은 PR-8000.

* 팔로우 업의 '업'은 의미가 '위'에서 확장되어 '끝까지'라는 뜻이 있다.
  'Follow(따르다) + up(끝까지)'는 '휠을 돌리는 대로 타가 끝까지 따르다.'
  로 되어 '추종조타'가 된다.
  모드 스위치를 자동 또는 수동 위치에 두면 '추종조타'가 된다. 사고 당
  시 '수동' 위치였다.

160

조타실 조종대: 뚜껑을 열면

시스템

NFU

모드

* 많은 전자부품들은 고장이 날 수가 있어 꼭 같은 컨트롤 시스템이 2개 있다.

수동 조타 제어회로 : 고장 잘 나는 곳

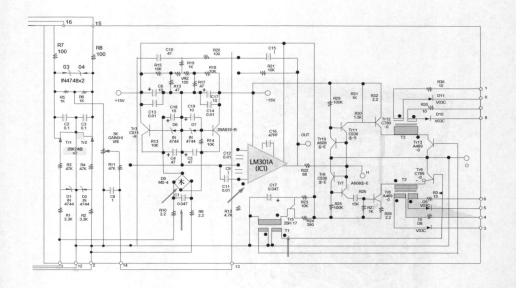

정류기, 컨덴서, 증폭기, 펄스 트랜스퍼머

출처 : 호쿠신 조타 시스템

* 전자공학 석좌교수는 10~15년 경과하여 전자 부품의 고장이 발생한다면
  자연스러운 현상이라고 한다.

* 납땜한 곳이 오랜 세월에 산화되어 좁아지면 열발산이 나빠져 고장이
  난다.

제어회로의 고장 : 제조사 매뉴얼

* 어느 날 갑자기 발생할 수 있는(=예측할 수 없는) 고장의 종류

증상(Symptoms)	처치(Trouble shooting)
AUTO and HAND do not operate but NFU only operates(자동, 수동 불능, NFU만 작동).	Check the over load relay Check the Pulse Transformer(과부하 릴레이와 T1만 점검).
AUTO does not operate but HAND and NFU do (자동만 불능)	Replace the amplifiers(증폭기 교환). Check the state of slip rings and bru -shes(슬립 링과 브러쉬 점검).
In AUTO, the rudder is carried away to hard port or hard starboard(자동 좌(우)전타)	Replace the amplifiers(증폭기 교환).
In HAND, the rudder is carried away to hard port or hard starboard(수동 좌(우)전타)	Replace the amplifiers(증폭기 교환). Check slip rings and brushes or the wiring of θ transmit synchro(슬립 링과 브러쉬 점검, 세타(θ) 전송 싱크로 배선 점검).
In AUTO, sometimes the rudder is moved Largely to port or starboard, and restored naturally(자동에서, 타가 좌우로 크게 움직이다가 저절로 복원되는 경우).	Replace the amplifiers(증폭기 교환).
In AUTO, HAND and NFU, the rudder is carried away severely(from hard port to hard starboard or vice versa) (자동, 수동, NFU 전타 왕복).	Replace the spring in the solenoid valve(for port or starboard) of the pump unit(솔레노이드 밸브의 스프링 교환).

출처 : 호쿠신 조타 시스템

163

제어계통의 고장 사고 : 일본 사례

증상	선명	총 톤수	사고일	사고 원인	피해
조타 불능	M/V Aris	1,985	12. 9, 1988	타기 제어 유압계통 고장	타선과 충돌
타 좌현에 차단	M/V Quakdozam	5,512	May 19, 2004	MODE 선택스위치 고장 (Hand, Auto, NFU)	타선과 충돌
타 우현에 차단	Ferry Kosado	8,755	Apr. 9, 1988	솔레노이드밸브 손상	방파제와 충돌
타 좌현에 차단	Oil tanker	998	Mar. 25, 2009	솔레노이드밸브 고장	방파제와 충돌

출처: 일본 해난심판원

* Collision: 이동물체와의 충돌, Allision: 고정물체와의 충돌

MODE 스위치의 예 :

[자동-수동-원격] MODE 스위치 : 많은 접점이 있어 접촉 불량이 발생!

* (전) 선장: "MODE 스위치의 절환이 걸리적 거리다가 선수가 휙 돌아
  가 놀랐기 때문에 회사에 강력히 요청하여 수리하여 교체한 적이 있다."

* 최근에는 가동접점(Moving contact) 대신에 PCB로 대폭 교체되어 고장
  가능성이 낮다.

MV 'Flag Gangos' struck the berthed oil tanker Pamisos, and a
Bunker barge *플래그 갱고스호가 접안 중인 탱커 파미소스와 벙커바
지에 충돌하였다.   출처: NTSB 1525 (2014. 8. 12)

총 톤 수	선종 (船種)	길이 (m)	건조일	사고일 (Mississippi)
32,983	Bulk	189	Oct. 2013	Aug. 12, 2014

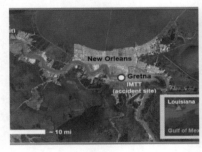 

* 조사관은 좌현측 유압제어블록에서 솔레노이드 밸브 코일이 소손되었
  음을 발견하였다. 솔레노이드 밸브는 작은 모래 알갱이로 고착되어 제
  대로 움직이지 않았다.

* 중국 조선소에서 신조 당시 유압계통 샌드 블라스트(sand-blast) 후 플러
  싱(flushing) 불철저로 계통에 남아있던 작은 모래 알갱이 에 의한 SV 스
  풀 고착. 건조감독의 유의사항!

166

솔레노이드 밸브 스풀 고착 사고 1 (미국)

미국 국가교통안전국 보고서 1525[NTSB 1525 Report] :

현지시간 2014년 8월 12일 22:25 벌크선 '플래그 갱고스호'가 루이지 애나주 그레트나 지역의 미시시피 강에서 접안 중이던 탱커 '파미소스 호'와 충돌하였고, 이어서 떠 있는 부두(floating pier)의 시설물과 충돌하 고 부두는 '파미소스호'의 뒤에 접안 중이던 벙커 바-지 WEB 235에 부 딪쳐 손상을 입혔다.

현미경 검사에서 쇳가루, 녹, 가는 모래 등을 발견하였다. 좌현쪽 필 터의 오염이 심하였다. 많은 쇳가루, 모래, 먼지가 있었다.

*NTSB 조사관은 조선소 관행에 대한 이해부족으로 쇠·모래가루가 왜 있 는지 몰랐다.

* 조선소의 표준 : 오일 계통 샌드 블라스트 - 에어 블로우 - 오일 플러싱 (5µ Filter 24Hrs) - 필터 검사의 순서로 작업을 진행한다.
* 선주감독은 필터에서 먼지, 녹, 모래 등의 이물질이 나오지 않을 때까지 검사·확인이 중요하다.
* 건조 케미컬 탱커의 선주감독 : 파워 팩 & 프라모 펌프 계통 플러싱을 1 주일 실시했다.
* 오일 플러싱은 오일을 순환시키면서 계통 내에 남아있을지 모르는 모 래 알갱이, 먼지를 씻어내는 것을 말한다. 필터에 모아진 이물질을 제 거하면 된다.
* 유압계통에 오일을 보충할 때는 먼지나 이물질이 들어가지 않도록 특 별히 주의한다.

M/V 산코 익스프레스(SNAKO EXPRESS)가 바지(BARGE)와 충돌

1. 사고의 개요

본선(80M형 탱크 80년 8월 히타치조센(日立造船 건조))은 만재상태로 미
시시피강을 항해 중 1981년 5월 5일 0020경 타각이 수동조타(Steering
Handle)에 추종하지 않고 하드 포트로 돌아가버린 현상이 발생했다.

조타방법 절환 스위치를 수동조타에서 응급조타(Steering Lever)로 바
꿔서 레버를 조작해도 변화가 없기 때문에 0022에 사용 중인 No. 1 파
일럿 파워 유니트를 No. 2유니트로 바꾸자마자 조타능력이 회복해 하
드스타보드(Hard Starboard)로 돌리고 스톱엔진 & 풀 어스턴(Stop Eng. &
Full Astern)을 걸었다.

그러나 이미 때는 늦어서 0025 도크에 접안 중인 바지 및 터그 보트
에 충돌해서 바지에 불이 붙고 터미널에도 엄청난 손상을 입혔다(약
$800만). 본선도 좌현 외판의 손상, 5군데의 균열 파공, 좌현 바우 초크
(Port Bow Chock), 프로펠러 블레이드 등의 손상을 받았다.

2. 원인
조타장치를 점검한 결과 No. 1 유닛 포트 측 솔레노이드 코일이 소손

되어 가동 철심이 스틱되어 있음이 발견되었다.

또, 밸브 본체의 내부에서 용접찌꺼기가 많이 발견되었고, 밸브시트
(弁座), 밸브보디(弁體)의 닿는 면에는 긁혀서 파인 손상이 보였다.

* 조선소와 건조감독이 유압계통 모래분사(Sand blast) 후 에어 블로우, 오
  일, 플러싱(air blow, oil flushing) - 필터 검사를 누락하여 사고 발생!

자료 제공: 한주상운 윤영섭 사장(전 산코 라인스 감독선장)

유압 기기 틈새 : 압력과 성능에 큰 영향

[틈새의 중요성] 벌크선에 승선하니 엔진 시동하면서 연료 핸들(Fuel
handle)을 최대로 올렸다 내려야만 되었고, 살펴보니 주기 FO 공급압력
이 매우 낮은 약 4K 정도였다. FO 공급 펌프 #1,2 2대를 동시에 운전해
도 압력은 올라가지 않았다.

펌프를 분해해보니 케이싱에 그라인딩(Grinding) 흔적이 있었고,
CMS 검사 후 조립이 잘 되지 않아 케이싱에 그라인딩했다고 하였다.
FO를 135℃ 정도 가열하면 발생하는 유증기 압력이 3.5K 정도 되므로
베이퍼 로크(Vapor Lock)를 겨우 면한 낮은 FO 압력이 원인이었다. 회
사에 보고하여 연료공급펌프(FO Supply Pump) 2대 교체하였고 이후 엔
진 시동은 정상으로 회복되었다.

[조립요령] 기어 펌프의 틈새들은 아주 작으므로 부품들을 깨끗이 소제한 후에 각부에 L.O.를 바르고 드라이빙 기어를 먼저 조립한 후에 드리븐 기어를 플라스틱 망치로 가볍게 두드려 넣으며 조립한다.

[틈새 증가 현상] 틈새가 정상 범위보다 커질수록 소음, 발열, 진동이 증가하고 압력도 떨어진다.

기어 펌프

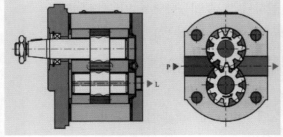

솔레노이드 밸브 스풀 틈새

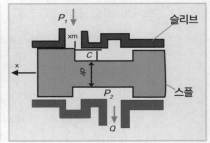

일반적으로 5~15μm의 범위이다.

* 압력이 높아질수록 틈새는 작아진다.
 유압공학 이일영 문운당, 2012
 P55, 205, 207, 515

기어펌프; C_1–0.5~5μm, C_2–0.5~5μm,

유압기기 고장 대책 사례

시례 1

40톤 유압 데릭 윈치의 성능저하로 미국 시애틀에서 원목 적재를 위해 육상 크레인을 수배해 주겠다는 회사의 연락을 받고 항해 중 피스톤 유압모터를 분해하여 피스톤 링의 마모를 계측하여 마모가 아주 적음에도 불구하고 새것으로 교환하였고, 정상 성능이 회복되어 육상 크레인 수배는 하지 않았다.

* 다른 나쁜 곳이 없어서 피스톤 링을 교환했고 성능은 정상으로 회복되었다. 유압기기에서는 적은 마모도 매우 중요함을 깨닫는 계기가 되었다.

시례 2

본선 크레인 성능이 저하되어 하역작업에 지장이 많았으나 고점도 유로 교환 후 성능이 회복되어 하역작업에 지장이 해소되었다.

유압기기는 부품들의 틈새(Clearance)가 아주 작으므로 각부의 마모, 기름의 점도, 이물질 등에 민감하다.

타기실 유압유에 슬러지의 영향

입자크기	매우 미세한 입자 (3~5μm)	미세한 입자 (5~20μm)	기친 입자 (20μm)
영향	마모의 촉진, 실팅에 따른 좁은 틈새의 막힘	간헌적인 오작동 발생, 과도한 마모로 누설 증대	갑작스러운 오작동 발생, 오리피스의 막힘, 스풀의 고착

유압공학 이일영 문운당 P531

릴리프 밸브 고장 사고, 이물질 부착

벌크선 '아이언 킹'이 호주 헤드랜드에서 좌초하다.

총 톤수	선종	길이(m)	건조	사고일
161,167	벌크	280.1	1996	7. 31, 2008

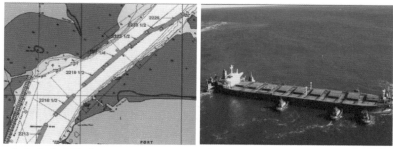

| 아이언 킹의 항적 | 아이언 킹을 돕고 있는 터그 보트들 |

* 엑추에이터 압력 : 우선회 75bar / 좌선회 20bar = 좌선회 때 누설되어 좌초되
었다.

출처 : ATSR MO No. 256 MO-2008-008 (Final)

릴리프 밸브 고장 사고, 이물질 부착

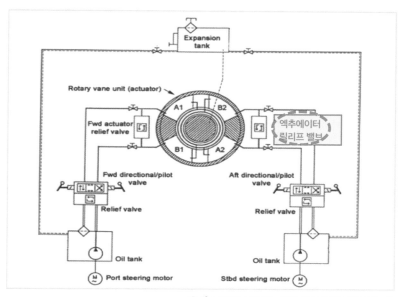

출처 : ATSR MO No. 256 MO-2008-008 (Final)

고착된 릴리프 밸브(빨간 점선) :

  ATSB 보고서에 의하면 2008년 2월 13일 선장은 조타기 고장을 회사
에 보고하여 기술자가 4월2일 방선, 수리하도록 수배되었고, 5월 12일
드라이 독킹. 중국 저우산에서 헤드랜드(Hedland)로 정상 항해, 헤드랜
드 출항 시에도 조타기는 정상이었다.
  독킹 중 조타기 총분해, 점검하였으며 독킹 완료시에 조타기 시험하
여 정상이었다.
  에프터 액추에이터 릴리프 밸브(Aft Actuator Relief valve)가 독킹 전에
고착돼 있었던지, 독킹 중 분해검사(overhaul) 때의 이물질이 남아 고착
을 일으켰을 가능성이 있다고 하였다.

주의사항

1. 조타기의 분해·정비 후 조립시에 이물질이 내부에 남지 않게 철저히
   주의한다.
2. 유압유를 보충할 때도 이물질이 들어 가지 않도록 철저히 주의한다.
3. 유압 펌프 흡입 측 필터를 설치한다.

타기실 자동. 유압유 : 슬러지 발생

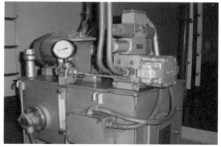

* 흔히 레벨 게이지의 오일은 깨끗해 보여도 탱크 내부에는 슬러지가 많이 있다.

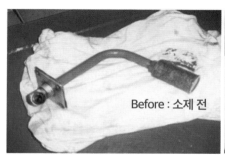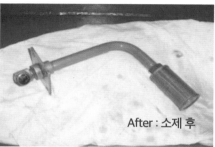

필터 효율: 통상 90%, 5μm 필터는 평균적 크기를 나타내고 실제는 구멍
이 작거나 클 수도 있다.

주의 : 이 필터는 펌프 보호용이다. 필터가 막히면 펌프가 공회전하여 못
쓰게 된다. 매 6개월마다 소제 요.

　데드웨이트(Dwt) 8만 톤 탱커 승선 중 타기실에서 순찰하면서 솔레노이드 밸브에서 '딱'하는 소리는 났는데 컨트롤 링크(control link)의 움직임은 느리고 힘들게 움직이고 있는 것을 발견하였다.

　자동조타제어 유압유 펌프(Auto. Pilot Control Hyd. Pump Unit)를 No. 2 운전에서 No. 1 운전으로 교대한 후에 솔레노이드 밸브를 분해하여 보니 스풀에 슬러지가 묻어 벌겋게 되어 있었다.

　스풀(Spool)을 깨끗이 닦아 조립한 후에 시험해 보니 솔레노이드 밸브(solenoid valve)에 신호가 주어지자 '딱'하는 소리와 함께 컨트롤 링크(control link)도 즉시 움직였다. 유압유(Hyd. Oil) 중에 부유하는 슬러지(sludge)들이 장기간에 걸쳐 스풀에 부착된 결과로 솔레노이드 밸브 동작이 느려졌으며, 슬러지가 더 부착되면 스풀이 움직이기 힘들 것으로 생각되었다.

　또 유압유 펌프 탱크(Hyd. Oil pump Tank)를 개방하여 검사하니 바닥과 벽면들에도 슬러지가 많이 있었다.

　스폰지로 깨끗이 닦아내어 소제하였었다. 다시 오일을 탱크에 채울 때도 먼지가 들어가지 않도록 주의하였다.

* 매 6개월 펌프 흡입측 필터 소제, 매2.5년 유압유 탱크를 개방하여 슬러지를 소제 요.

* 유압유가 열화되면 뻘처럼 걸쭉한 슬러지로 변질 ⇨ 고장의 원인
* 유압기기 고장의 60~75%는 유압유에서 발생! 유압기계 P187 성안당
* 유압유 수명: 5,000(70℃) ~ 20,000(60℃)시간되면 성상변화로 교환요!
* 년간 7,000시간 운항하는 선박이라면 20,000시간은 3년에 해당된다.

유압유에 슬러지가 발생하는 이유

1. 유압유 자체의 열화

　유압유 자체의 열화는 기름의 오염에 따라서 첨가제가 소모되어 유압유의 기능을 잃어 교환해야 하는 경우가 대부분이다. 한편 유압유의 본체인 액상 탄화수소가 공기중의 산소, 열 등에 의해 활성화되어 산화되고, 산가가 상승하여 슬러지를 발생하게 되고, 기기 계통내에 부착되든지, 탱크내에 침전하여 유압유의 기능을 상실한다. 유압유의 온도가 높을수록 열화는 급속히 빨라진다.

2. 이물질의 혼입에 의한 열화

　유압유의 열화에는 공기의 침입, 금속분의 혼입 등 이물의 혼입에 의한 영향도 무시할 수가 없다. 또 유압유가 열화되지 않았더라도 이물(저분, 절삭 가공칩, 용접칩 등)의 혼입에 의하여 교환을 하지 않을 수 없는 경우도 있다. 페인트의 폐해도 크므로 페인트의 선정, 도포방법에 주의가 필요하다.

3. 유압유의 교환

유압유는 점도, 색상, 수분 등의 변화를 정기적으로 조사하여 열화되기 전에 교환하여야 한다. 산가의 상승이 1이상이 되면 불용해분을 측정하여 슬러지량을 조사해볼 필요가 있다(일반적으로 유압유는 산가(酸價)가 0.3이 되면 슬러지가 발생하나, 윤활제를 첨가한 것은 산가의 판정을 할 수 없다. 따라서 항유화도, 부식시험결과의 조사가 바람직하다). 수분혼입량도 사용조건에 따라서는 1%정도까지는 허용되나, 기기의 방식면에서 보면 0.5%가 한계이다. 따라서 1년에 2회, 적어도 1회는 반드시 유압유의 성상을 분석해 볼 필요가 있다.

* 산가: 1g 중 유중에 존재하는 산을 중화시키는 KOH의 mg수로써 표시.

출처: 일본조선학회 JSDS-조선의장설계기준 12 화물유 하역원격제어장치 설계기준

178

유압유에 먼지, 공기는 온도 상승, 고장 원인

Maintenance and Inspection of Pump Unit

Check the oil quantity in the tank by looking at the oil level gauge each day. If the oil is not enough, it must be supplemented.

The most important matter in the maintenance of the hydraulic system is how the working oil is used under the optimun condition.

It is essential to to keep in mind that the existence of any dirt or air bubble in the working oil and also the temperature rise of the working oil seriously affect the oil and cause deterioration of it.

And this causes the troubles of the hydraulic system.

As the working oil of the power unit, NO. 90 Turbine oil must be used within the operating temperature range of -50~+70℃.

Regardless of the run-hour of the machine, if the oil is found dirty, it should be replaced or filtered immediately. Furthermore, is the oil is dirty, the cleaning of the inside of the tank is also needed.

* 기름 속의 먼지나 공기 거품과 온도상승은 기름 변질과 유압시스템의 고장의 원인이 된다.

* 기름이 더럽거나 필터의 오염이 심하면 기름을 교환하고 탱크 내부도 청소하여야 한다.

출처 : HOKUSHIN Integrated Pilot System

조타기 유압유 탱크 : 항해 중 탱크 내부 청소

* 유압유를 다시 채울 때에 이물질이 들어가지 않도록 철저히 주의한다.

* 정기검사를 받는 독킹 중에 유압유 탱크 내부 소제를 권장한다.

* 조타기 유압 배관에는 밸브들 고착방지용 라인 필터가 있어야 한다.
  밸브가 고착되면 사고로 직결된다는 사실을 명심해야 한다.

6 3 타기실 라인 필터 : 4.5만톤 LPG선, 밸브 고착 방지용

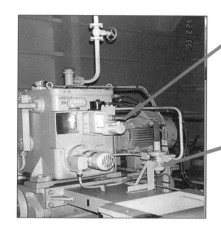

Linear Variable Differential Transformer
and Torque Motor : 3Kg-cm,
선형차동트랜스포머와 토크모터

유흡착포 위에 배열한 라인필터

타기실 라인 필터(1) : 4.5만톤 LPG, 밸브 고착 방지용

* 건조 인수선 : 9개월 경과의 필터 오염 상태에 매우 놀랐다.

1. 일본 미쓰비시 조선소의 플러싱 누락되었고, 불철저하였다.

2. 신조감독의 플러싱 검사가 누락되었다.

3. 본선 인수 기관장의 검사 및 소제가 누락되었다.

타기실 링크 : 링크 얼라인먼트, 일직선, 풀림 주의

* 신조 인수 3개월 이내 소제하여 상태가 양호하면 PMS로 매 6개월마다 소제를 해야 한다.

* 신조선 인수로부터 9개월이 지났을 때 필자가 기관장으로 승선하였었다. 적어도 한번은 소제를 하여서 깨끗할 것으로 예상하였었고, 만일을 위하여 분해하였는데 너무도 필터의 오염이 심하여 놀랐었고, '사고(事故) 일보전(一步前)'이라는 느낌이 들었다.

* 해양·수산계의 교육기관에서는 반드시 잘 가르쳐 주세요!

타기실 라인 필터(2) : SV 밸브 고착 방지용

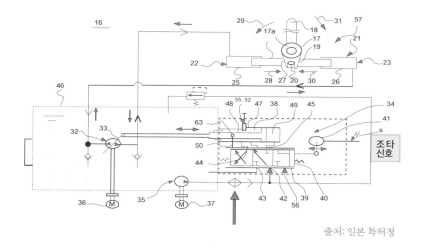

출처: 일본 특허청

* 서보 펌프에 의한 유압이 메인 유압펌프의 유량과 그 방향을 동시에 제
  어하며 라인 필터(Line Filter)는 이물질에 의한 솔레노이드 밸브의 고착
  을 예방하기 위해 설치되었다.

* 라인 필터는 매 6개월 소제하고 조립할 때에 이물질이 들어가지 않도
  록 주의한다.

목포해양대학교 새유달호

1. 버퍼 스프링이 녹슬어 절손되어 컨트롤 링크가 한쪽으로 쳐박혀 사고난 사례가 있다.
2. 사진의 U-볼트는 풀렸을 때 곧 알 수 있게 너트가 눈에 보이게 체결되어야 옳다.
3. S/B중 타기실에 가보면 진동·소음이 얼마나 심한지 알 수 있다. 링키지(Linkage), 볼트, 조타기 시동반(Steering Gear Starter Box) 내 배선 풀림도 정기적 점검이 필요하다.

184

타 조립시 주의 : DNV, 러더 스톡 플랜지, 가용접(Tack weld)

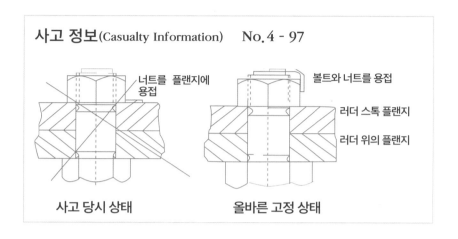

사고 정보(Casualty Information)　　No. 4 - 97

너트를 플랜지에 용접

볼트와 너트를 용접

러더 스톡 플랜지

러더 위의 플랜지

사고 당시 상태　　　　　　올바른 고정 상태

Lessons to be learned

-When refitting of rudders, make sure that fitted bolts are used and that proper securing arrangements are employed.

-Always secure the nut to the bolt. This is especially important where, for practical reasons, bolts are fitted upside down.

* 타를 검사, 수리하기 위하여 발출하였다가 다시 조립할 때 '러더스톡 플렌지'의 볼트들을 머리를 밑으로 하여 너트를 조이면 진동 등으로 인하여 풀렸을 때 바로 발견할 수 있다. 또 진동으로 인하여 풀리지 않도록 '가용접'할 경우 볼트와 너트를 용접하여야 풀림을 방지할 수 있다. 위 그림처럼 너트와 플랜지(flange)에 용접하면 풀릴 수 있다.

오   크

    전속 향해 중에는 타가 3°까지 작동하는데 1.5°의 에러는 절반이나 되는 큰 에러이고 이 상태로는 타가 훨씬 자주 작동하여 자동조타의 효과가 감소되고 연료 소비도 증가한다.

타기 전원 박스 : 배선 풀림, 스파크 주의

* 타기실은 진동이 많은 곳이므로 타기 전원 박스 내부의 MC 카버를 열
  고 배선들의 풀림은 없는지 정기적으로 예방정비(PMS)에 의한 점검이
  필요하다.

* MC 카버를 열고 드라이버로 배선을 건드리
  니 쑥 빠져나왔다.

*MC(전자접촉기, Magnetic Contactor)

* MC 카버를 여니 스파크 흔적이 많았다. 백
  색 배선을 빼내고 사포와 압축공기로 스파
  크 가루들을 깨끗이 소제하였다.

* 스파크 가루가 많아지면 R-S-T 선들이
  Short circuit 상태로 되는 순간 큰 스파크
  소리가 나고 전원이 차단된다.

6. 5 유압잠금 : 유압펌프 2대 운전시 주의

* 유압 실린더 안의 피스턴 양쪽에 유압이 작용하여 타가 어느 쪽으로
  도 움직일 수 없는 상태를 유압잠금 즉, hydraulic locking이라 한다.
* 유압펌프 2대 운전 중 유압잠금 경보의 경우 : 경보를 정지시키고, 경
  보가 울린 쪽의 유압펌프를 정지시키면 된다.

사진 : 한국해양대학교 '한바다호'

조타실 경보 판넬

유압잠금 경보 센서

한국선급규칙 제5편 기관장치 제7장 조타장치 제1절 일반규정 204.
배관 2개 이상의 장치(동력 또는 제어)가 동시에 운전될 수 있도록 배
치된 조타 장치는 단일 고장에 의하여 발생되는 유압잠금(hydraulic
locking)의 위험성이 고려되어야 한다.

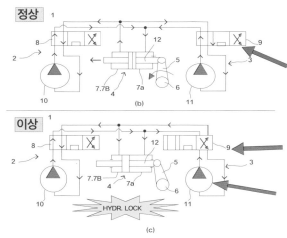

정상

(b)

이상

HYDR. LOCK

(c)

출처:일본 특허청特開2015-20660

* 조타기 유압펌프 2대 운전 중
인 경우에 8, 9번 SV가 동시
에 바뀌면 정상이다.

――――――――――――

만약 9번 SV는 이물질에 의한
고착으로 바뀌지 않았는데 8
번 SV만 바뀐다면 유압잠금이
발생한다.

* (C)의 9번 SV가 최초의 상태
이다.

* 11번 펌프 1대 운전중 이물질
에 의해 9번 SV가 고착되면
우(좌)전타로 된다.

1995년부터 조타기 제조사가 유압잠금 채용하여 솔라스(SOLAS) 규
칙에서 스탠바이 중 2대 동시운전이 삭제된다.

선장들은 여전히 ST-BY중 2대 동시운전을 선호하지만 1대 운전, 다
른 1대는 운전 대기로 함이 좋다.

공식 명칭	제23차국제도선사협회 서울총회 (23rd International Maritime Pilots' Association Seoul Congress: IMPA 2016)
개최일	2016. 9. 26(월)~30(금) (25일(일) 사전환영행사 진행)
개최 장소	쉐라톤그랜드& W 서울워커힐 호텔(서울 광진구)

2016. 9. 29. 세미나 - 안전세션

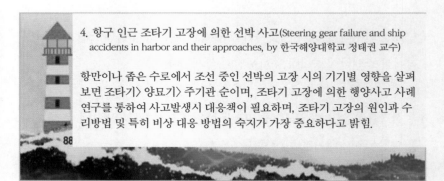

4. 항구 인근 조타기 고장에 의한 선박 사고(Steering gear failure and ship accidents in harbor and their approaches, by 한국해양대학교 정태권 교수)

항만이나 좁은 수로에서 조선 중인 선박의 고장 시의 기기별 영향을 살펴보면 조타기> 양묘기> 주기관 순이며, 조타기 고장에 의한 행양사고 사례 연구를 통하여 사고발생시 대응책이 필요하며, 조타기 고장의 원인과 수리방법 및 특히 비상 대응 방법의 숙지가 가장 중요하다고 밝힘.

[개선된 비상조타 훈련의 예]

　영국 선장 데이비드 하우스(David House) '선장과 항해사를 위한 비상 상황(MARINE EMERGENCIES FOR MASTERS AND MATES)' 책과 일본의 제조사 '호쿠신 교본(HOKUSHIN Instruction)'을 검토한 결과 자칫하면 사고를 조장할 염려조차 있어 필자는 한국해양대학교 정태권 교수님과 함께 '비상조타훈련 개선안'을 마련했다.

　'비상조타훈련' 한다고 바로 '비상조타요원배치'를 발령하는 훈련은 도움이 되지 않는다.

1. 항구나 연안에서 통항 중(maneuvering)일 경우에는 '수동조타 - HAND'이므로 '추종조타 - Follow-up'이고, 조타실의 타륜(steering wheel) 선회에 타가 추종하지 않으면 바로 '조타기 고장'으로 판정하고, 타수(또는 항해사)는 '조타기 고장'을 외치면서 항해사(선장)에게 보고하고 명령에 따라 '시스템' 체인지를 한다(또는 '조타기 고장, SYSTEM change'를 외친다).

2. '시스템' 체인지를 하여 휠 선회에 타가 '추종'하면, 사용하였던 '컨트롤 시스템'에 고장이 발생한 것으로 판정할 수 있다.

3. '시스템' 체인지를 하여도 휠에 타가 '추종'하지 않으면 'Nos. 1, 2 컨트롤 시스템 고장'을 외치고 시스템' 스위치를 'OFF' 위치에 놓고 '비 추종 (NFU)'으로 타를 조종한다.

4. 'NFU'로도 타의 조종이 되지 않으면, 선장은 즉시 '비상조타 요원배치'를 발령한다.

5. '비상조타'가 발령되면 타기실에서 가까이 있는 선원이 '비상조타' 준비를 하고 보고를 한다.

1) 조타실에서 1~3까지의 '1차 훈련'을 충분히 한 후에 4~5의 '2차 훈련'을 하여야 효과적이다.
2) 조타기의 '컨트롤 시스템'과 '유압계통'을 잘 아는 기관장이 선장, 항해사, 타수 등 브릿지 팀 모두가 숙지하도록 OJT를 실시하고, 조타실에 교육자료를 비치한다.
3) 평소 전 선원이 '비상조타'를 할 수 있도록 교육과 훈련을 한다.

7. 국가연구과제

7.1 프로펠러 침수 : 사고예방

필자가 과거 선박 현장에서 느꼈던 몇 가지 문제점들은 나의 머릿속을 떠나지 않고 있다.

그리고 해양계의 학술단체인 대한조선학회, 한국항해항만학회, 한국마린엔지니어링학회 등의 논문집들을 두루 살펴보아도 이런 문제점에 관하여 연구한 논문을 볼 수 없었다.

선박회사들과 협력하는 국가연구과제로서도 적합할 것으로 생각되어 추천한다.

벨러스트 / 레이든 보이지(Ballast/Laden Voyage)[13]에 평형수 탱크에 평형수를 싣는 방법 :

2020년 4월 6일 부산 신항만에 접안하던 '밀라노 브릿지호'가 프로 펠러의 노출로 인한 사고와 항해중 효율적인 선속의 유지와 기관실 주변의 선체진동으로 인한 많은 폐해를 예방하기 위해 프로펠러 침수 (Propeller Immersion)는 중요한 문제이다.

요약하면 어느 평형수 탱크들에 언제 평형수를 얼마를 적재하느냐는 문제는 조선(操船)시 사고예방, 연료절약 및 온실가스 배출감축과 기관실, 타기실의 고장 예방과 관련된 문제로서 선박운항을 위하여 기본이 되는 실무 표준(Best Practice) 확립에 관한 문제이다.

국내와 일본 학자들에 의한 선박 조선(船舶 操船)에 관한 책들에는 선체의 진동을 다루지 않아 국가연구과제로서 정부와 학계의 관심을 바랍니다.

2.0~1.3의 범위에서는 추력(推力)의 감소가 미미하다. 1.3 이하에서는 추력이 급격히 감소되어 선속저하, 기관부하 증가, 많은 진동이 발생한다. 표준 수심은 I/r = 2이다(프로펠러 심도(深度) : I/r 일본 성산당 '기관 Data Book' Page 578).

---

13) 벨러스트 / 레이든 보이지(Ballast/Laden Voyage): 선박이 화물을 싣지 않은 공선(空船)/만선(滿船) 항해

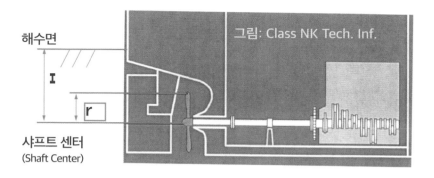

해수면

I

r

샤프트 센터
(Shaft Center)

그림: Class NK Tech. Inf.

* 필자가 dwt 8만톤 탱커 기관장으로 근무하였던 때에 기관실 진동이 많
아 I/r을 계산해보니 1.3이 되지 않았다. A.P.T.에 평형수를 실으니 진동
감소와 선속의 증가를 확인할 수 있었다.
추력의 변화는 사고 예방과 연료의 절약 및 이산화탄소 배출과 관련된
문제이다.

* 갑판부 완성 도면(Finished Plan)중 적화지침(Loading Manual)의 프로
펠러 침수(Propeller Immersion)와는 다르다. 주의!

A.P.T.(After Peak Tank, 선미픽탱크) 항해 중 연료와 청수의 사용으로
인한 흘수를 조정하기 위해 해수를 넣거나 배출하도록 선미(船尾)에 설
치하는 탱크이다.

해양 사고와 프로펠러 침하율, 기관실 진동

2020년 4월 6일 부산 신항만 2부두에 접안하려던 컨테이너선 '밀라노 브릿지호' 사고의 경우 : (육상 크레인 4대가 파손되어 손해금액이 수백억, 복구에 9개월 소요 예상)

도선사가 프로펠러의 수면상 노출이 상당하여(32%) 조선의 어려움을 인식하고 예항력이 강력한 예선을 선수 5천4백마력과 선미 6천 5백마력을 준비한 점은 좋았으나 동급 사이즈의 컨테이너선이 부두에 접근할 때보다 2~3노트 높게 과속했던 것은 모순된 조선(操船)으로 사고의 원인이 되었다.

이런 사고를 예방하기 위하여는 '항만국통제'에 의하여 프로펠러의 적절한 침하를 요구하여야 할 것이며, 도선사협회는 한국항해항만학회, 한국마린엔지니어링학회 등과 협력 국가연구과제로서 각 선종별, 사이즈별 프로펠러의 침하율에 따른 안전 조선(操船)의 표준을 각 항구별로 작성하고 도선에 임하는 도선사들이 변화되는 환경요인을 입력하여 그 결과를 출력하여 참고할 수 있도록 하면 사고예방에 큰 도움이 될 것으로 생각한다. 도선사 개인들에게 맡겨 둘 일이 아니다.

국가연구과제로 하여 그 결과를 IMO에 제출, 세계와 공유하면 국격을 높이는 일이다.

여기서 특히 강조해 두고자 하는 한 가지는 A.P.T.에 평형수를 싣지

196

않았던 것으로 보인다.

A.P.T.에 평형수를 실으면 프로펠러 침수율의 향상으로 조선에 도움이 될 뿐 아니라 타기실과 기관실 전체의 진동을 대폭 줄일 수 있다. 진동으로 인한 대표적인 폐해는 타기실 유압펌프 시동반(Hyd. oil pump Starter Panel) 내부의 배선이 느슨해져 빠져나오거나, PCB(인쇄회로기판)의 접촉불량으로 거짓 경보가 계속 발생하였던 세월호는 좋은 사례이다. 기관실내의 게이지, 컨트롤러, 모세관(Gauge, Controller, Capillary tube) 등 작은 파이프들이 진동으로 마모되어 파손되는 경우도 많다. 위의 '프로펠러 침수율' 관련 연구용역을 하는 때에는 타기실과 기관실의 진동의 문제도 빠뜨리지 않고 함께 해주기를 간절히 바란다.

중앙해양안전심판원 해양사고 특별조사보고서 2021-001-컨테이너 운반선 밀라노 브릿지 크레인 접촉사고- 를 참고하였다.

밀라노 브릿지호 사고 : 손해 수백억 원, 크레인 복구 9개월

프로펠러 노출 상태

육상 크레인 4대가 심하게 손상되었다

프로펠러 침하율 : 기관실 진동, 컨트롤러 19개 중 15개 교체

교체한 SV, PV 바늘들

SV, PV 바늘 교환 중

SV, PV 바늘 교체 후 링크 시험

년간 약 50항차를 하는 선령 4년차 dwt 8만톤 셔틀 탱크에서 발생 :

1. 회사에 금후 2~3년이면 컨트롤러를 전부 못쓰게 될 정도로 SV/PV 바늘들이 많이 흔들리고 있어 교환해야 한다는 보고서를 제출하여 교환하였다.

2. 15셋트 SV/PV 바늘 교환한 후 컨트롤러들을 진동이 없는 E/R 기둥들에 설치했다.

3. 벨러스트 / 레이든 보이지에 에프터 픽 탱크(A.P.T.)에 평형수를 싣지 않아 주방(Galley)의 불판(Hot Plate) 위에 올려놓은 남비 등이 '덜덜' 떨었으며, 기관실에서는 압력·온도·레벨을 제어하는 컨트롤러들이 장기간 심한 진동을 받아 SV/PV 바늘들의 회전축(피벗, pivot) 부에는 구멍이 커져 바늘들이 많이 흔들리고 있어 컨트롤러들이 기능을 잃을 위험이 있었다. 선장에게 설명하여 벨러스트 / 레이든 보이지에 에프터 픽 탱크에 평형수를 실었더니 주방에서 '덜덜' 진동하던 소리가 없어지고 쥐죽은 듯 조용하였었다.

4. 필자는 과거 많은 선장들이 프로펠러가 물에 잠기기만 하면 되는 것으로 잘못 알고 있음을 경험하였다. 효율적인 추력발생과 선체진동 방지를 위해서는 개선의 여지가 크다.

프로펠러 침하율 : 기관실 진동, 컨트롤러 손상 방지

발전기 엔진 냉각청수 온도 조절기   동판이 진동을 흡수하니 SV/PV 바늘들이 진동이 없어져 가만히 있는 모습이다.

VLCC 승선 중 발전기 엔진 냉각청수 온도조절기(Temp. Controller)의 밑받침(Bed) 자체도 얇은 철판이라 진동이 많고 Bed가 설치된 벽도 진동이 있어 SV/PV 바늘이 상당히 진동이 많아서, 진동이 없게 개선하였다.

중요

기관실 내에서 진동이 가장 적은 곳을 찾아보니 수직으로 선 기둥(Pillar)였다. 따라서 각종 컨트롤러 등 진동에 취약한 정밀계기 등은 수직기둥에 설치함이 최선이다.

7. 2 주기관 라이너 균열 : 실린더 배기가스 고온경보

필자가 보관 중인 기록에 의하면 2003년 5월 16일 초대형탱커 주기 4번 실린더 라이너를 교환했다.

중동에서 원유를 싣고 울산으로 항해 중 갑자기 4번 실린더에 '배기가스고온' 경보가 울리더니 몇 초 후에 저절로 경보가 꺼졌었다. 이때 1기사가 "기관장님, 먼저 배에서 이런 현상이 있었는데 라이너 상부에 헤헤어 크랙(hair crack)*이 발생하여 교환하였습니다."라고 하였다.

과연 잠시 후 4번 실린더에서 폭발이 있을 때마다 '실린더 냉각청수'

압력 게이지가 좌우로 맥동하였다. 기관 회전수를 약 3~4회전 내리니까 압력 게이지의 맥동은 멈추었다.

더 이상의 기관 이상은 없었고, 울산의 외항에서 표류하며 대기하는 시간적 여유가 있어 라이너를 교환하였었다. 당시 이런 라이너 균열은 여러 선박에서도 가끔 있는 일로 알려졌었다.

당시는 바쁜 일상 속에서 깊이 생각할 여유가 없어 원인이 무엇인지 모른 채 지나갔다.

그러나 잘 생각해 보면 아주 짧은 몇 초의 순간 그 전, 후에는 아무런 이상이 없이 정상이므로 기계적인 연료분사 펌프나 연료분사기(Fuel injector)는 이상이 없었고 '배기온도 고온' 경보를 일으키는 인자로서는 연료 밖에 없다는 결론에 도달한다.

연료에 어떤 문제가 있는지 잘 연구하여 연료의 국제규격을 검토, 개정을 IMO 및 ISO에 건의하여 전 세계의 많은 선박들이 라이너 균열을 예방하게 된다면 국격을 높이는 일이 될 것이므로, 국가연구과제로 가치는 충분히 있을 것이다.

---

* 헤어 크랙(Hair crack) : '머리카락처럼 작고 가는 갈라진 틈'을 뜻한다.

02

boat

진짜 해양오염 재난이 된 이유

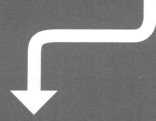

허베이 스피리트 호 해양오염 재난연구

원유가 유출되고 있는 '허베이스피리트호'

태안 지역의 오염 제거에 130만 자원봉사자 포함 225만명이 동원되었다.

1. 들어가며

　2007년 12월 7일 충남 태안 인근 해상에서 삼성중공업 예인선단의 크레인 부선(이하 크레인선)과 초대형 탱커(이하 허베이호)가 충돌하여 우리나라 사상 최대의 해양오염의 국가재난으로 선포되었다.

　필자는 우연히 법원에서 재판이 어떻게 되고 있는지 궁금증이 일어나 수소문 끝에 서산지원 형사재판의 최후변론이 벌어지는 때에 방청하게 되었다. 저녁 늦게 재판이 끝나면 서울의 집으로 돌아오느라 고생도 하였지만 충돌의 중요한 원인이 전혀 언급되지 않고 또 재판장이 중요한 사항을 물어 보는데 그냥 넘어가는 광경을 보다 못해 방청석에서 일어나 재판장을 향하여 "자동감속을 잘 설명해 드릴 수 있습니다"고 외쳤으며, 마음속에는 "이렇게 큰 사고가 제대로 원인이 밝혀지지도 않도록 버려둘 수는 없다."고 생각하였었다.

　필자는 그동안의 풍부한 탱커 승선 경험과 지식들을 총동원하여 한국해양수산연수원 교수들과 소통하며 해당 사고를 분석하여 증언한 결과 2심인 대전지법의 재판에서는 허베이호의 선장·1항사가 구속되는 극적인 반전의 계기를 제공하였다. 안타까운 마음도 있었지만 국가적 재난이 된 오염사고의 원인을 밝혀 장래의 예방을 위하여서는 불가피하였다.

중앙해심과 법원의 방청을 각각 5회씩 하면서 느꼈던 점은 사고의 원인 규명이 외부로 드러난 충돌의 원인을 밝히는 데에 집중되었고, 주기관의 결함으로 인한 충돌과 IGS[1]의 잘못된 작동으로 오염확대가 된 기술적 규명이 부족하였다. 또 국제협약과 선급규칙에서도 사고의 원인으로 된 부분에도 분석이 부족하였다. 필자는 이러한 부족한 부분들을 보충하여 분석 수준의 개선과 사고예방에 도움에 되었으면 하는 마음에서 이 글을 쓰게 되었다.

끝에는 필자가 사고의 분석에 참고한 자료들을 밝혀 두었다.

---

1) Inert Gas System의 약칭, 불활성가스장치. 탱커에서는 주로 산소농도가 3~5%인 보일러 연소가스를 생산하여 원유탱크에 강제로 주입하고 연소나 폭발에 필요한 산소농도 11.5%보다 낮게 유지하여 폭발을 방지하는 장치를 말한다. 질소, 이산화탄소 등 연소를 돕지 않는 가스를 불활성가스라고 한다.

2. 허베이호와 크레인 선단의 충돌의 원인

인천대교공사를 마친 '삼성중공업 예인선단(이하 예인선단)'이 2007년 12월 6일 14:50경 출항하여 23:30분경에는 해상상태가 악화되자 예인 능력이 약화되었고, 04:00경에는 인천항으로 회항을 시도하였으나 해 상상태가 좋지 않아 포기하였다. 항해를 계속하였으나 의도하는 항로 를 유지하지 못하고 05:17경에는 허베이호 가까이 접근하였으며, 주예 인선 T-5의 예인삭이 절단되어 표류하며 허베이호와 9회 충돌하여 오 염사고가 발생하였다.

2.1 충돌한 양측의 제원

선 명	총톤수 (L×B×P)	용도 (선적)	주기관 (출력)	소유자 (운항자)
삼성 1호	11,828톤	크레인부선 (거제)	무동력 (피 예인부선)	삼성물산 (삼성중공업)
삼성 T-5GH	292톤	예인선 (거제)	1,765KW×2기 약4,800마력	삼성물산 (삼성중공업)
삼호 T-3호	213톤	예인선 (부산)	1,323KW×2기 약 3,600마력	삼호아이댄디 (삼성중공업)
허베이 스피리트	146,848톤	유조선 (홍콩)	20,594KW×1기 약28,000마력	Hebei Spirit Shipping (Hebei Spirit Shipping)

〈자료 : 삼성 예인선단-허베이 스피리트 충돌·오염사건 백서 P2, 한국해양대학교 2011. 12. 〉

2. 2 충돌로 인한 허베이호의 좌현 탱크 손상 상황

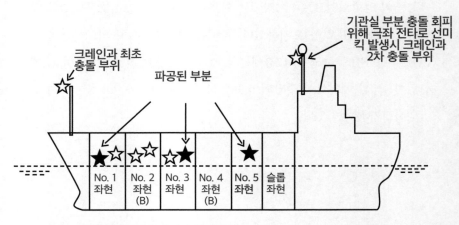

<그림> 인천지방해양안전심판원 재결서

파공된 화물탱크 번호	상갑판에서 파공까지 거리(m)	파공의 크기(mm) (가로 x 세로)
1(P)	약 5.3	300 x 300
3(P)	약 7.8	1,200 x 100(최대)
5(P)	약 7.2	1,600 x 2,000

〈자료 : 삼성 예인선단-허베이 스피리트 충돌·오염사건 백서 P5, 한국해양대학교 2011. 12. 〉

2. 3 예인선단의 구성도

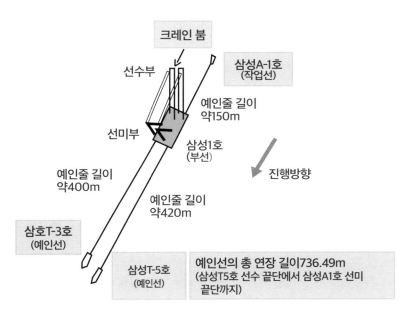

크레인 붐

선수부

삼성A-1호
(작업선)

예인줄 길이
약150m

선미부

삼성1호
(부선)

진행방향

예인줄 길이
약400m

예인줄 길이
약420m

삼호T-3호
(예인선)

삼성T-5호
(예인선)

예인선의 총 연장 길이736.49m
(삼성T5호 선수 끝단에서 삼성A1호 선미
끝단까지)

〈 인천지방해양안전심판원 재결, P5, 인해심 특 제2008-23호, 2008. 9. 4. 〉

2. 4 예인선단측의 충돌 원인

예인선단에서는 여러 가지의 잘못이 있어 충돌하게 되었는데 그것
들을 하나씩 검토해 보기로 한다.

2.4.1 예인력의 부족

삼성조선소내에서 블록 이동할 때의 예인선 2척 그대로 조선소를 떠나 인천대교까지 예인항해를 하였는바 바다에서의 항해는 기상이 악화되자 항로를 이탈하게 된 근본 이유는 예인력의 부족이었다.

* 당시 3천톤 크레인 부선에 대한 업계의 관행은 예인선 3척이었다.

2.4.2 긴급피난항의 미지정

거제의 삼성중공업 조선소로부터 인천대교 공사 현장까지의 항로는 평균 4노트의 항해로는 약 4일 걸린다. IMO MSC/Circ.884[2]에 의하면 출발하여 미리 정한 안전한 피난항이나 안전한 정박지까지의 항해가 24시간을 초과하면 대양 예인(Ocean Towing)에 해당하며, 또 동 문서 6.2항에 따라 예인항해를 시작하기 전에 기상악화에 대비하여 긴급피난항을 지정해 두어야 했으나 지정하지 않고 무리한 항해를 계속한 끝에 사고가 발생하였다. 당시 예인선 업계에서는 선주와 선장이 협의하여 긴급피난항을 정하여 두고 항해하는 것이 관행이었다. 예인항해를 검사한 H 검정의 '항해권고 11항'에 긴급피난항을 언급하지 않고 "문제 발생시에 선주와 보험검사자에게 알려 필요한 조치를 통보받으라." 한 것도 개선되어야 할 것이다.

---

2) IMO MSC/Circ.884 21 December 1998 GUIDELINES FOR SAFE OCEAN TOWING

1. 예인항해는 이 검사증서 발급 후 7일 이내에 개시할 것.
2. 입출항은 반드시 주간에 할 것.
3. 풍력이 보피트 풍력계급(Beaufort Scale) 5를 초과 시는 출항하지 말 것.
4. 예인줄의 길이는 선장이 기상상태에 맞추어 조절하되 해저에 닿지 않도록 할 것.
5. 최대예항 속력은 선장의 판단에 따르되 당시의 상황에 알맞은 안전 속력을 유지할 것.
6. 시계 제한 시는 예인줄의 길이를 짧게 할 것.
7. 연료유는 목적항 또는 중간 급유항 도착 시 최소 3일분의 잔량을 유지할 것.
8. 가능한 최단거리의 직선항로를 선택할 것.
9. 예인선과 피예인선 사이에 일정한 간격의 통신을 유지할 것.
10. 출항 전 기상예보를 청취하고 출항 후 항해 중에도 기상당국의 예보를 자주 청취할 것.
11. 예인장비의 고장, 예인선이나 피예인선의 기관 작동불량, 침수로 인한 피예인물의 경사, 일체의 이로(離路, Any Deviation) 등 예인선단에 문제 발생시 선주와 본 보험검사자에게 즉시 알려 필요한 조치를 통보 받을 것

2.4.3 예인선단의 항해 관리체제의 부재

사고 당시에 모범적인 예인선 업체는 예인선단에 AIS를 설치하고 항해 위치를 실시간 본사가 파악하여 관리하는 체제를 운영하고 있었다. 그러나 삼성중공업은 예인항해를 주업무로 하지 않았던 관계로 예인선단의 항해 관리체제가 없었다.

2.4.4 항로 이탈을 주위에 알리지 않고, 통신 유지 안함

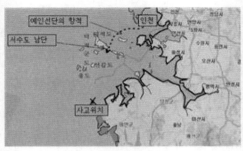 

2007. 12. 6. 14:50 출항 ~ 20:30 서수도 통과   2007. 12. 6. 23:30 울도 통과 후 항로 이탈

---

3) 인천지방해양안전심판원 재결 P11, 인해심 특 제2008-23호, 2008. 9. 4.

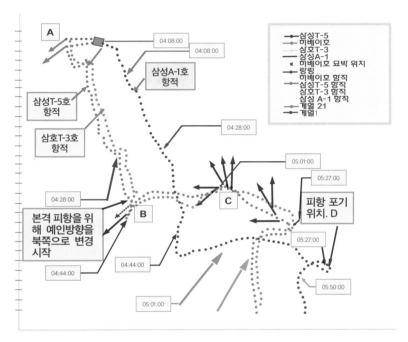

2007. 12. 7. 04:08 ~ 05:50까지의 항적: 인천해심 재결 25쪽 참조

213

1. 2007. 12. 6. 14:50 익일 03:00 서해중부 먼바다에 풍랑주의가 예보되었으나, 대비없이 출항했다.
2. 22:30 서수도를 통과할 때까지 순조로운 연안항해를 하였다.
3. 22:40 대전지방기상청이 서해중부 먼바다 풍랑주의보를 방송했으나 청취하지 않았다.
4. 23:30경 덕적군도의 울도를 통과할 때부터 풍파의 영향으로 항로를 이탈하기 시작하였다.
5. 2007. 12. 7. 04:00경 기상이 더 악화되어 정상항해가 어렵자 인천항쪽으로 피항을 결정하였다.
   대산 VTS와 인근 선박들에 위험을 알리지 않고 독자적 조치를 취한 것은 큰 과실이다.
6. 04:26 예인선들을 인천항쪽으로 돌리자 크레인 부선은 허베이호가 있는 남동쪽으로 표류되었다.
7. 05:23 예인선단의 항적 이상을 인지한 대산 VTS가 예인선단을 호출하였으나 응답하지 않았다. 통신을 유지하지 않은 것은 큰 과실이다.
8. 06:17 대산 VTS가 예인선 T-5 선장의 휴대전화로 호출하자 항해의 어려움을 호소했다.
9. 06:30 예인선단이 허베이호에 아주 가까이 접근되자 허베이호를 호출하여 앵커를 감아 이동을 요청하였으나 시기적으로 늦었다.
10. 06:52 예인선 T-5의 예인삭이 파단되자 예인선단은 허베이호에 더 접근되었다.
11. 07:06 총 9회 허베이호의 좌현과 충돌사고로 되었다.

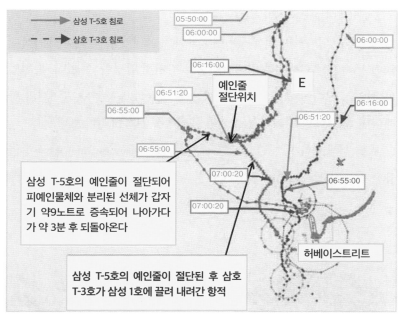

05:50:00
06:00:00
06:00:00
06:16:00
E
06:51:20
06:55:00
06:16:00
06:55:00
06:51:20

**예인줄
절단위치**

삼성 T-5호 침로
삼호 T-3호 침로

삼성 T-5호의 예인줄이 절단되어 피예인물체와 분리된 선체가 갑자기 약9노트로 증속되어 나아가다가 약 3분 후 되돌아온다

07:00:20
07:00:20

06:55:00

허베이스트리트

삼성 T-5호의 예인줄이 절단된 후 삼호 T-3호가 삼성 1호에 끌려 내려간 항적

2007. 12. 7. 05:50 ~ 07:06 충돌까지의 항적

필자의 방청노트1

　사고 당시에 3천 톤 되는 해상 크레인은 국내에 2척뿐이라는 말이 있었을 정도로 그 숫자가 적어, 해상에서의 중량물 작업에 동원되는 수요가 많았을 뿐만 아니라 삼성중공업 조선소 내에서 선박의 건조 과정에서 블록의 이동에도 쉴 틈이 없이 동원되었던 때이므로, 인천대교공사 현장에서의 작업을 마치자 빨리 거제의 삼성중공업 조선소로 돌아가야 한다는 생각에 사로잡혀 무리한 예인선단의 항해를 하였던 것으로 추정된다.

2.4.5 예비 예인삭[4]의 부재

예인선단의 주예인선 T-5의 예인삭이 절단되었을 때 예비 예인삭이 없어 부예인선 T-3 한척의 예인력으로 도저히 감당할 수 없어, 속절없이 떠밀려 허베이호 쪽으로 접근해 가서 충돌하게 되었다. 4~5일의 항해이면 대양 예인에 해당하고 예비 예인삭을 보유하여야 했다.

보험 검사자의 '항해권고'에도 예비 예인삭(spare towline) 언급이 없음은 반드시 시정되어야 할 사항이다.

〈사진1〉 공기압 고무펜터
(Pneumatic Rubber Fender)

〈사진2〉 고무 밴드 & 타이어
(Rubber Band & Tires)

---

4) IMO MSC/Circ.884 21 December 1998 GUIDELINES FOR SAFE OCEAN TOWING 12.12 A spare towline satisfying all requirements for the main towline should be kept on board the towing vessel..

2.4.6 충돌을 막는 방충재가 없음

예인선단의 크레인 부선이 허베이호의 좌현과 충돌하였을 당시에 위의 〈사진1〉과 같이 충돌에 의한 손상을 막아 줄 뉴매틱 러버 펜더(Pneumatic Rubber Fender)나 〈사진2〉와 같이 고무 밴드(Rubber band & tires)로 크레인 부선의 모퉁이를 감싸든지 폐 타이어 등을 장착하였으면 충돌은 했더라도 파공은 발생하지 않아 기름유출은 없었다.

예항검사자는 항해의 안전뿐만 아니라 폭 넓은 안전의식을 가지고 검사와 항해권고를 하여 사고가 예방되도록 세심한 노력이 필요하다.

위에서 아주 적은 안전비용의 지불이 막대한 손실을 예방할 수 있는 예를 보았다. 안전이란 사전에 대비하는 것이 큰 이득임을 깨달아서 안전비용을 기꺼이 지불하는 '안전문화'가 확산·정착되기를 바란다.

2.5 허베이호측의 충돌 원인

허베이호는 일본 카와사키중공업 사카이데 조선소에서 1993.10.7. 취항한 선령 14년 2개월로 20,594KW(28,000마력, 7기통) 엔진을 장비한 초대형 탱커이다. 302,640KL의 원유를 적재하였으며, 선장, 기관장, 1등항해사 등 6인의 인도인, 중국인 5인, 필리핀인 16명의 혼승선으로 해기능력이 낮아 충돌에 몇 가지 중요한 원인들을 제공하였었다. 차례로 하나씩 살펴보자.

2.5.1 정박당직 근무의 소홀

실습항해사가 06:00경 예인선열과의 최근접점(CPA) 0.3마일이라고 보고하자 1등항해사는 위험을 느껴 06:05경 선장을 호출하였는데, 늦어 선장이 취할 수 있는 충돌회피 방법이 제한적이었다. 필자가 2심 대전지법의 재판에서 1항사의 진술을 들어보니 실항사가 위험을 느껴 호출하자 1항사가 조타실로 왔고, 1항사도 위험을 느껴 선장을 호출한 것으로 생각되었다. 갑판항해일지(Deck Log Book) 05:00에 3항사와 1항사의 싸인이 겹쳐있음이 그 증거이다. ARPA 레이더 2대를 6, 3마일 레인지로 켜고 해도실에서 컴퓨터 작업을 했다는 1항사의 진술은 거짓으로 들렸다.

2.5.2 비터 엔드 핀(Bitter End Pin) 분리 실패

Bitter End Pin: 선내측 앵커체인의 끝을 Pin으로 고정하고 긴급시에 좌측 사진에서 보는 검정 화살표의 작은 핀을 뽑고 hammer로 노란색 화살표의 방향으로 치면, 앵커체인이 앵커와 함께 바다로 투하되게 한 것이다. 2004, 2005년의 IACS(국제선급협회) 규칙에 있다. 필자는 2007년 4월 중국에서 dwt 1만3천 톤 케미컬 Tanker 3척의 선주감독으로 독킹수리 중 앵커체인의 끝을 Chain Locker에서 선수의 Boatswain 창고로 올려 모두 좌측 사진과 같이 설치하였다.

허베이호는 비터 엔드핀[5)의 정비 및 점검을 소홀히 하여 충돌의 위험을 느낀 긴급한 순간에 해머(hammer)로 핀을 분리하려고 하였으나 고착으로 실패하여 충돌의 중요한 원인이 되었다.

필지의 방청노트 2

비터 엔드 핀에 관한 IACS 규칙을 필자가 한국해양수산연수원의 K 교수에게 전하였고, 대전지법의 항소심에서 K 교수가 1심의 진술을 번복하여 진술함으로써 허베이호의 충돌의 중요한 원인으로 입증되었다.

2.5.3 정박지에서 부적절한 주기관 배기밸브 교체

허베이호는 정박지에 도착하여 주기관의 제3번 실린더 배기밸브 교체 작업을 하였다고 기관실 일지(Engine Room Log Book)에 기록되어 있었으며, 기관사용기록지(Engine Telegraph Log)에는 4시간 5분 걸린 것으로 확인되었다. 정박지란 많은 선박들이 잠시 머물다 떠나고 다른 선박이 들어와 앵커를 내리고 정박하는 곳으로 선박의 출입이 많아 접촉사

---

5) IACS Rec. Rev. 2 2005 No.10 Securing of the inboard ends of chain cables

고의 위험이 높은 곳이다. 또한 12월 7일 03시에는 풍랑주의보의 발령이 예보되어 있었으므로 정박당직이 아니라 항해당직체제를 유지했어야 하는데, 주기관의 가동이 불능인 주기관 배기변 교체작업을 했음은 매우 부적절하였다. 그리고 정박지에서 정비작업을 금지한 '브이 쉽' 선대(船隊) 지침'을 어긴 사실도 드러났다.

필지의 방청노트 3

중해심과 대전지법의 재판을 방청해 온 필자에게 문의해 온 한국해양수산연수원의 모 교수에게 국제협약 STCW 제8장 83.3항 및 90항[6]에도 위반됨을 설명하였고, 대전지법의 법정에 나온 교수가 증언함으로써 허베이호의 중요한 과실로 입증되었다.

필자는 초대형 탱커 기관장으로 근무하였을 때 주기관의 정비는 주로 울산의 안전한 외항에서 또는 원유를 싣고 고조시(高潮時)를 기다려야 하는 시간이 있으면 안전한 곳에서 표류하면서 정비를 하도록 선장과 사전에 협의하였는데 이는 회사도 권장하는 관행이었다.

2. 5. 4 주기관 냉각수 고온과 주기관 비상자동감속

06:30 대산 VTS와 예인선단 T-3가 허베이호에 닻을 감고 기관을 가동하여 이동하여 줄 것을, 06:57 대산 VTS가 재차 허베이호에 요청하였는데 06:58 허베이호는 본선에 조금 문제가 있다고 보고하였다.

STOP		B	06:54.0
D. SLOW	-AS	B	06:57.0
SLOW	-AS	B	06:58.0
HALF	-AS	B	06:58.5
D. SLOW	-AS	B	07:04.5
SLOW	-AS	B	07:04.5
D. SLOW	-AS	B	07:05.0
SLOW	-AS	B	07:05.0
HALF	-AS	B	07:05.5
SLOW	-AS	B	07:12.5

텔러그래프 로거 기록지

M/E #3 CYL CFW OUT TEMP
07/12/07 07:01 0206 H   88 C
M/E AUTO SLOW DOWN
 * 07/12/07 06:58 0109   *
M/E #3 CYL CFW OUT TEMP
 * 07/12/07 06:58 0206 H   90C
E/R 100V BUS INSULATION
 * 07/12/07 06:58 1024 L   *

경보 기록지

기관사용-기록(Telegraph Logger Print)과 경보기록(Alarm Print)에 의하
여 문제를 확인할 수 있다.[7] 즉, 06:58에 90℃에서 '주기관 3번 기통 냉

---

6) STCW 제8장 당직근무에 관한 기준
 83.3 선박이 차폐되지 않은 외항 정박지에 정박중이거나 또는 사실상 '항해
 중'의 상태에 있을 때에는 기관당직을 담당하는 해기사는 다음 사항을 확인
 하여야 한다.
 83.3.3 주기와 보조기계를 선교의 명령에 따라 준비상태로 유지하는 것.
 90. 항구에서 정상적인 상황 하에 안전하게 접안되어 있거나 또는 안전하게
 정박중인 모든 선박 상에서 선장은 안전의 목적을 위하여 당직을 적절하고
 효과적으로 유지되게 배치하여야 한다. (중략) 그리고 유해물질, 위험물질, 유
 독물질 또는 가연성이 높은 물질 또는 기타 특수 형태의 화물을 운송하는 선
 박에 대해서는 특별요건이 필요할 수도 있다.
7) 한국해양수산연수원 모 교수의 법정증언 자료

각수 고온'으로 '주기관 자동감속'이 발령되어 07:01 88℃에서 해제되었고, 허베이호의 주기관 제어시스템의 설명서에 의하면 미속(Dead Slow)보다 낮은 RPM 24.5로 회전되고 있었다.

필자의 방칭노트 4

1) 해군에서 체계적인 미 해군 예방정비제도를 경험한 필자는 OO해운의 4만5천톤 LPG 탱커, 6천톤 여객선, VLCC의 기관장으로 승선하여 회사에서 설치해 준 '컴퓨터 예방정비제도'를 실제 운항에 맞게 수정·사용하여 컴퓨터 예방정비를 잘 만든다고 유명하였다. 2003년에는 회사의 요청으로 보조 기관사 3명과 함께 건조, 취항하는 VLCC 2척과 4만5천톤 제품선(Product carrier) 3척의 컴퓨터 예방정비제도를 만들기도 하여 각종 경보와 안전장치에 관하여 정통하였다.
2) 당시 대형 디젤 주기관의 냉각청수 출구 온도는 85℃ 정도여서 필자는 경보는 95℃, 자동감속은 98(~100)℃로 설정하였으므로, 허베이호의 경보와 자동감속 설정온도가 비정상으로 낮았음을 쉽게 알았다.
3) 선급규칙에 의하여 '경보'와 '안전장치'[8]는 여기서는 주기관을 보호할 뿐만 아니라 외부로의 사고를 예방하는 중요한 사항이다. 그래서

---

8)한국선급규칙 제9편 추가설비 제3장 자동화설비 제1절 일반사항 101.7 용어

선급검사원은 정기적으로 경보와 안전장치가 양호한 상태로 유지되고 있는지를 검사, 확인하는 아주 중요한 사항이다.

4) 항구에 입·출항 또는 연안항해를 할 때는 주기관 회전수를 자주 변경하여 사용한다. 이런 때를 매누버링(Maneuvering)한다고 한다. 허베이호는 매누버링 중에 자주 자동감속에 걸리는 상태로 운항을 계속하고 있었는데도 정비하지 못한 기관장들의 자질이 낮았을 뿐만 아니라, 당시 1,000여척의 선박관리를 맡아 세계최대의 선박관리회사였던 브이 쉽의 선박에 대한 기술적 관리(Technical Management)가 허술하여 엄청난 해양오염사고를 발생시킨 브이 쉽의 책임을 중앙해심과 법원의 재판에서 누구도 지적하지 않았음은 유감이었다.

필자가 재직하였던 OO해운은 기관장들에게 '경보'나 '안전장치'의 설정치는 변경하지 않도록 하였으며, 변경하는 경우에는 그 사실을 컴퓨터 예방정비제도에 입력하여 회사에 보고되도록 관리를 철저히 하였다.

5) 주기관의 자동감속은 선급규칙의 '안전시스템'의 작동이므로 그 원인을 제거하고, 수동으로 리세트 조작 즉, 선교 제어(Bridge Control)중이었던 허베이호의 경우에는 텔레그래프 레버(Telegraph Lever)를 '정지(Stop)'위치에 한 번 두어야 리세트가 됨을 선장, 기관장도 몰라서 자동감속이 계속되었다.

6) 허베이호의 주기관 자동감속 중에 예인선단의 크레인 부선과 충돌이 발생하였다. 필자가 사진과 허베이호 기관사용에 대한 분석을 제공, 협의하여 연수원의 모 교수가 법정에서 증언한 당시의 주기관 사

용과 시간 경과를 보면 명확하다. 즉, 06:58 반속 후진(Half Astern) 발령하자 ASD(자동감속)되었으며, 주기관 3번 기통 냉각청수 밸브를 열어 냉각수고온 상태는 해결되었으나, 텔러그래프 레버를 정지 위치에 두지 않아 자동감속의 리세트가 되지 않았고 07:06 예인선단과 충돌이 발생하였다.

텔러 그래프 : 주기관의 회전수를 명령한다.

전진 방향 : 전속, 중속, 서속, 미속
정지
후진 방향 : 전속, 중속, 서속, 미속

사고당일(사고 순간)

구분	06:45	06:54	06:57	06:58	06:58		07:01	07:04	07:04	07:05	07:05	07:05	07:12	07:13
F.AH														
AH		TUG LINE CUT OFF										충		
S.AH		06:52												
D.SH					설정된 속도 (DEAD SLOW+/-)							돌		
Stop					기관 자동감속, No Reset 계속							07:06		
D.AS	◄	▣	◄				◄		◄		◄			◄
S.AS				◄					◄		◄		◄	
H.AS					◄							◄		
						ASD					ASD			

7)주기관 사용에 의한 인묘와 충돌예방

예인선단 측 [심판변론인 이○○]

허베이호 측에서 기관과 타를 적절히 사용하여 피해가 최소화 되도록 선미부를 삼성1호로부터 멀어지도록 선박을 조종하거나 기관을 전속 후진하여 선체를 후진시켰더라면 2차, 3차 등 연이은 충돌은 피할 수 있었다고 주장하였다. 또한 허베이호 측이 반속이상의 후진으로 앵커를 절단하는 피항조치를 취하지 않은 것이 상당히 아쉽다고 주장하였다.

허베이 측 반박

주묘는 태풍과 같은 악천후 속에서 바다 저질의 파주력이 좋지 않은 경우 발생하는 것이지만, 정박선이 앞에 앵커를 둔 상태에서 전속 후진 엔

---

9) 인묘 또는 예묘(dredging anchor)란 선박이 일부러 닻(Anchor)을 끌면서 이동하는 것을 말한다. 주묘(dragging anchor)는 풍조 등으로 닻이 끌려가는 것을 말한다.

진을 사용하여 일부러 인묘(引錨)⁹⁾하는 방법으로 이동하는 것은 전세계적으로 유래가 없는 주장이다. 만약 이와 같은 충돌회피동작이 가능하다면, 서적에 이에 관한 부분이 나올 것이고, 선원들도 이에 관한 경험이 있을 것이지만, 앵커를 둔 상태에서 전속후진하여 앵커를 일부러 인묘한다는 것을 경험한 사람도 없고 어디에도 이와 같은 문구(文句)가 나오는 것이 없는 전혀 근거가 없는 주장이라고 반박하였다.¹⁰⁾

필자의 방청노트 5

필자가 2002년경 OO해운의 VLCC인 'C.Navigator' 승선 중, 중동에 가서 수심 약 100m되는 곳에 닻을 놓았었다. 연료유 공급선(Bunkering Barge)에서 위치를 알려주며 오라고 하여 앵커체인을 감으려고 하였으나 되지 않았다. 필자는 선수 갑판창고내에 있는 유압펌프장치를 점검하고 아무런 이상이 없음을 선장에게 보고하였다.

선장은 "기관장, 괜찮다. 전속후진(Full Astern)하면 닻이 뽑아져 올라오고 얕은 곳으로 끌고가 감아올리면 된다."고 하였다. 선장의 말대로 주기관을 전속후진하니 닻이 뽑아져 끌려왔으며 잠시 후에는 반속후진

---

10) 삼성 예인선단-허베이 스피리트 충돌·오염사건 백서 P122, 한국해양대학교 2011. 12.

(Half Astern)하여도 닻은 잘 끌려왔다. 수심 약 60m인 곳에서 앵커를 감아들여 급유받을 위치로 이동하였었다.

　이처럼 수심과 해저(Seabed)상태에 따라 흔한 일은 아니지만 앵커 감기가 어려우면 엔진을 사용하는 것이 선박 현장의 실무적 해법이다.

　엔진에 의한 전속후진 추력은 앵커의 파주력보다 훨씬 커서 인묘가 가능하므로 삼성중공업은 이를 과학적으로 계산하여 증명할 수도 있었지만 인묘의 경험이 있는 사람이 없어서 착안하지 못하였고 해양안전심판원과 법원의 재판에서 불리하였고, 태안·서산지역의 주민들은 물론 온 국민들의 비난을 받았다.

　필자는 2008년 6월 9일 1심 서산지원의 최후변론 때에 방청하여 허베이호가 자동감속으로 인하여 엔진을 사용한 인묘를 하지 못하여 충돌의 중요한 원인이 되었음을 알고 2008년 6월 17일 유력 일간 인터넷 신문에 글을 올려 대전지법의 항소심에서는 서산지원과 달리 허베이호의 선장과 1항사가 구속되는 반전이 일어나는 계기가 되었다.

　삼성중공업이 안쓰러워 도와주고 싶은 마음도 있었고 한편으로는 너무도 형편없는 허베이호와 브이 쉽(V.Ship)에 경종을 울려 사고예방에 도움이 되고 싶은 마음도 컸기 때문이었다.

[참고] 허베이호는 충돌의 직전 텔러그래프 레버를 정지 위치에 두지 않더라도 조타실 제어반에 있는 자0동감속을 임시로 취소하는 버턴 '오버라이드(Override)'를 누르고 반속후진 또는 전속후진했더라면 충돌을 예방할 수 있었을 것이다.

한국해양대학교 실습선 한나라호 조타실 제어반의 일부분

사진의 중앙에 있는 버튼 'Cancel SLD'은 누르면 항해당직사관(선장)이 충돌 등의 외부의 절박한 항해환경에서 자동감속의 안전장치 작동을 취소하고 원하는대로 기관사용을 가능케 하기 위하여 설치된 것이고, 위치와 명칭은 다르더라도 선교제어시스템(Bridge Control System)에는 있도록 선급규칙에 규정되어 있다. 항해당직사관과 선장들은 선내 OJT를 통하여 반드시 이런 버튼들의 사용에 관하여 숙지할 필요가 있다(=한국선급규칙 9편3장3절 310. 오버라이드 장치).

STCW Code B 제B-V/a조 거대선의 선장과 1항사에게는 Table A-II/2의 추진장치, 기관시스템과 설비의 원격제어 운전에 관한 지식, 이해 및 기술에 대한 부가적 훈련이 요구되고 있다.

컴퓨터 예방정비시스템에 입력하여 정기적으로 교육을 실시하면 하나의 실무적 표준(Best Practice) 사례가 될 것이다.

갑자기 허베이호 해양오염사고 재판이 어떻게 되고 있는지 궁금하여 수소문 끝에 재판의 일시를 확인하여 2008년 6월 9일 서산지원 방청을 하였다. 최후변론을 하는 날이어서 사고의 처음부터 끝까지 양측에서 상대방의 잘못만 공격하고 있었기 때문에 필자는 사고의 내용을 잘 파악할 수 있었다.

노○○ 재판장이 '자동감속'이 무엇이냐고 물었을 때, 허베이호 선장은 "It's a kind of safety. A minor thing." 즉, 안전장치의 일종인데 사소한 것이라는 취지로 대답하였고 예인선단 측에서는 아무런 반박이 없었다.

순간 필자가 방청석에서 벌떡 일어나 "재판장님, 저는 한국해양대학 기관학과를 졸업하였고 VLCC 기관장을 하였기 때문에 자동감속에 대하여 잘 설명해 드릴 수 있습니다."라고 소리쳤다. 잠시 침묵 후 재판장은 "제가 들을 방법이 없습니다!"고 하였는데, 이는 증인으로 채택되지 않았기 때문에 진술권을 줄 수 없다는 뜻이었다. 이때에 필자는 자동감속도 충돌이 중요한 원인이었음을 명백히 알았다.

허베이호의 '자동감속'에 관하여 허베이호측 변호를 위하여 법원에 제출한 문서를 검토해 보면

1) 경보와 안전시스템의 개념을 명확히 구분하지 못하고 있어 자문하는 전문가의 전문성이 의심되었다.

2) 허베이호는 사고 당시 선교제어를 하였으므로 3번 기통 냉각수 온도와 상관없이 조타실내의 '오버라이드' 버튼을 누르면, 원하는 대로 기관회전수를 사용할 수 있었으며 3번 기통 냉각수 온도가 90℃에서 88℃로 떨어져 '자동감속'해제 상태로 되었더라도 조타실의 텔러그래프 레버를 일단 정지 위치에 두어야 리셋이 되어 기관회전수를 자유로이 조종할 수 있었다.

3) 기관제어실(ECR, Engine Control Room) 제어이었으면 냉각수 온도만 떨어지면 '자동감속'이 자동으로 해제된다.

4) 냉각수 고온 '경보'도 없이 자동감속 '안전시스템'이 바로 작동되었으므로 선급규칙에 위반된다.[11]

5) "SOLAS 2-1장 28규칙 1. 선박은 모든 상태에서 선박의 조종을 확보하기 위하여 충분한 후진력을 가지고 있어야 한다."에 위반되어 허베이호는 항만국검사에 의하여 출항정지되어야 하는 선박이었다.

6) 허베이호는 사고 후에도 도선사의 명령에 따라 조종하는 중에도 자동감속이 계속 작동되고 있음이 허베이호 측에서 재판부에 제출한 서류에 의하여 밝혀졌다.

11) 허베이호가 등록한 중국선급규칙 * www.ccs.org.cn effective from 1, April 2006 Part 7 Automation and Remote Control Chapter1. General Section1, General Prov.

1.1.3 Plans and documents

1.1.3.1 Where a ship is intended to be assigned a machinery notation, the following plans and documents associated with control, alarm(display) and safety systems covered by this PART are to be submitted for approval:

(1)List of monitored and display points;

(2)List of alarm points

(3)Items of safety systems;

(4)Schematic diagrams of(electric, pneumatic, hydraulic) power supply to automated systems.

1.1.3.2 The following plans and documents are to be submitted for information;

(1) Specifications of automated systems, including;

① schematic diagrams and function instructions of automatic and remoted control systems;

② details of monitoring functions in the control station(room)

③ setting of alarm points, specifications of test method and self-monitoring function for alarm systems;(경보의 설정, 시험방법의 상세)

1.1.5 Trials(계류, 해상 시운전 실시)

1.1.5.1 The automated systems together with the associated machinery and electrical equipment are to be subject to mooring and sea trials in accordance with a test program approved by CCS so as to ascertain the normal working of the whole system.

1.1.5.2 The setting of alarm points of automated systems and the preset parameters of safety systems which are determined in accordance with the requirements of the Rules as shown by the trials are to be recorded and maintained onboard for examination.

10월 25일 씨 글로리(Sea Glory)호(번역 주:허베이 스피리트 호가 사고 후
에 씨 글로리로 개명되었습니다)에 승선하여 선박에 대해서 잘 알고 있는
현직 선장 및 기관장들을 비롯한 여러 사람들과 이에 대해 논의했
을 때, 엔진 rpm이 지나치게 빠른 속도로 증가하는 경우 그리고 가
끔은 도선사의 명령에 따라 선박을 조종하는 중에도 엔진오토 슬로
우 다운을 작동시킨 경험이 여러 차례 있다는 얘기를 들었습니다.

허베이호 측 전문가 A씨의 2008년 10월 25일 보고서(번역본) 중에서

필자의 방청노트 8 경보와 안전장치

1) 경보란 작동 중인 기기가 어떤 원인으로 정상운전 범위를 벗어나 온
   도, 압력, 레벨 등이 미리 정한 값(설정치)에 도달하면 알려주는 가시
   가청(可視可聽, visual and audible)의 신호이다.
2) 안전장치란 경보가 발령되어 사람이 이를 파악하고 적절한 조치를
   취할 여유를 주었는데도 해결되지 않아 기기에 중대한 손상이 발생
   할 위험이 있는 설정치에 도달하면 다시 경보와 함께 그 기기를 정지
   나 감속, 연료차단 등을 작동시키는 장치이며
3) 경보와 안전장치는 선급의 승인을 받아 조선소측이 계류, 해상시운

전(Mooring& Sea Trials) 때에 시험하여 증명하며, 취항 후에는대개 6개월 간격으로 시험하여 정상 작동하는 기록을 선내에 보관하여 선급검사를 받는다.

4) 위의 설명으로 경보와 안전장치는 완전히 다름을 알았을 것이다.

5) 허베이호의 '경보(Alarm)는 몇 도에서 발령되고 몇 도에서 해제되는지?'가 없고 바로 90℃에서 안전장치인 '자동감속'이 작동되었고 88℃에서 '자동감속'이 해제되었으므로 선급규칙 위반이라는 필자의 지적이 이해될 것이다.

6) 허베이호는'자동감속'이 계속 발생하였으나 기관장들도 브이 쉽도 전

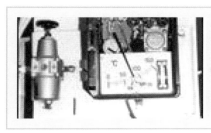

냉각청수 온도 조절기

끈적한 에어 드레인은 고장의 원인

냉각청수 온도 조절 3방향 밸브

끈적한 에어 드레인은 고장의 원인

혀 개선을 하지 않았고 전문가 A씨의 보고서도 수준 이하의 궤변으로 평가할 수 있다.

7) 필자는 과거에 어느 8만 톤 탱커에서 매누버링 때 '냉각청수 고온경보'가 발령되어서 냉각청수 온도 조절기와 온도 조절 3방향 밸브를 정비하고 온도 조절기의 P, I, D, 다이얼을 적절히 조정하여 '고온경보'를 예방하였었다. 경보를 예방하였으니 자동감속은 당연히 발령되지 않았었다.

8) 브이 쉽의 부적절한 선원관리(Crew Management)

당시 허베이호의 선장은 VLCC의 선장은 처음으로 2007년 10월에 승선하여 2개월 되었고, 1항사는 탱커 경력이 3개월로 중동에서 원유 적재 후 승선하였으므로 2주 승선한 정도이고, 기관장은 싱가폴에서 승선하였으니 1주일 정도 승선한 셈이다. VLCC 신참 선장에 경험이 많아 노련한 기관장을 짝지어 승선시켰더라면 사고는 예방되었을 가능성이 있으며, 브이 쉽의 선원관리가 매우 부적절하였던 것으로 생각된다.

선장도 승선 2개월이 되었으면 조타실과 갑판 전체를 둘러보고 비터 엔드 핀(Bitter End Pin)이 고착된 것을 발견하여 정비를 지시할 시간적 여유는 충분하였다고 보여지므로 자신의 직무에 소홀하여 충돌의 원인을 제공하였다고 할 수 있다. 선박에서 지휘자인 선장은 중요한 일을 빠뜨리지 않고 점검하여 비상시를 대비하는 사람이어야 한다. 기관장도 다르지 않다. 비상시를 대비하는 사람이어야 함은 물론이다.

우리나라의 우수한 선박관리업체들이 보다 적극적으로 국제무대에서 선주들을 설득하면 수준 높은 선원관리를 통하여 세계의 바다에서 안전과 일자리 창출에 기여할 수 있다. 이를 위하여 정부는 우수한 관리업체의 모범사례를 발굴하며 외국의 선주들을 초청하여 홍보하는 등의 지원도 중요함을 강조해 둔다.

필자가 4만5천톤 LPG선의 기관장으로 승선 중에 중동에서 싣고 온 LPG를 울산항의 부두에서 하역중이었는데, 부두 인근의 야산에서 화재가 발생하여 울산지방해양항만청에서 부두의 전선박에게 외항으로 대피명령을 내렸다.

만약 이런 때에 주기관의 주요부를 분해하여 정비하고 있었으면 즉시 피항하지 못하는 사실이 탄로되어 본선과 회사에 큰 명예의 손상과 벌칙이 내려졌을 것이다. 탱커들은 주기관의 정비를 위한 장소와 시간의 선택에 세심한 주의가 필요하다.

2. 6 충돌에 대한 결론

삼성중공업 예인선단과 허베이호 양측에 공통점은

1)당직근무 소홀

예인선단이 인천항을 출항할 당시에 이미 다음날 새벽 서해 먼바다의 풍랑주의보 발령을 알았음에도 불구하고 아무런 대책도 없이 울도를 통과한 이후에 풍랑으로 침로를 유지하지 못하고 지그재그(zig-zag) 항해를 하고 있어도 알아채지 못할 정도로 당직근무에 소홀하였다.

허베이호 역시 풍랑 주의보 발령이 예고되었음에도 정박당직에서 항해당직으로 하여 당직근무를 철저히 하지 않았으며 탱커는 정박 중일지라도 주의의무가 더 있음을 알지 못하는 자질 부족도 사고의 원인이 되었다.

2)안전 불감증

예인선단은 예비 예인삭도 없고, 피항지도 정해 놓지 않고, 통신을 유지하지 않은 것은 심한 안전 불감증이라 하겠다. 예항검사자의 검사도 IMO 권고사항들을 고려하여 예인선들의 안전항해의 수준을 높이도록 개선이 필요하다.

허베이호는 매누버링 중에 주기관냉각수 고온자동감속이 경보도 없이 자주 발령되는 상태였다. 기관장들이 타선박에서는 그렇지 않았으므로 회사에 보고하여 해결했어야 하는 문제를 소위 '폭탄돌리기'식으로 미루다가 충돌의 순간 충분한 후진력을 갖지 못하여 충돌의 원인이 되었다.

특히 당시 1,000여 척의 선박을 관리하는 최대의 회사인 브이 쉽의 인사관리와 기술적 관리(Technical management)에 허점이 보여 반드시 개선이 필요하였다.

3. 해양오염 대응의 적절성

형사재판 1심인 서산지원의 판결에서 허베이호의 해양오염에 대한 대응의 적절성이 고려되지 않아 삼성중공업의 소위 '독박'이었다. 그러나 2심 대전지법에서는 이너트 가스 시스템(Inert Gas System)을 설계, 제작하여 현대, 대우조선소 등의 VLCC에 납품하고 해상시운전에 참여하여 성능을 입증하는 등의 경험과 다년간 탱커 승선중 IGS의 수리 및 정비 경험도 많은 전문가인 필자가 물리 전공 교수의 자문까지 받아 개입하자 유출에 대한 대응이 잘못되어 오염확대로 이어졌음이 밝혀졌다.

3.1 유류 유출시 대응의 적절성 분석
한국선급이 승인한 소펩(SOPEP)[12] 모범 샘플은 아래와 같다.
1)유출구역(손상된 곳)의 폐쇄   2)유출기름의 이송

3)유출탱크내 압력강하　　　　4)선체의 경사

허베이호의 대응을 하나씩 차례로 살펴보면

1)유출구역의 폐쇄 - 미실행

항해중의 선박들이 충돌하지 않고 표류한 크레인선의 모서리가 탱커의 선체에 접촉하여 발생한 파공이라 드물게 보는 작은 파공들이었으나 본선이나 해경도 파공을 직접 막을 수 있는 장비나 방법이 없었다.

2)유출기름의 이송 - 지연, 불충분

해경이 헬리콥터로 방선, 협의 후 10:35부터 비손상탱크로 이송을 시작하였으니 파공발생으로부터 3시간 22분이 경과되었으며, 이해가 곤란한 이송지연이었다.

선박의 운항에 있어 선장, 기관장들이 가장 유의할 점은 생명의 안전과 해양환경의 보호 아닌가? 해경과의 협의를 기다리지 말고 최대한 신속히 이송을 시작했어야 마땅하다.

펌프룸에는 시간당 4,500㎥를 처리할 수 있는 화물펌프(Cargo Oil

---

12) 국제협약 MARPOR 73/78 Annex1 Chapter5 Regulation 37 SOPEP(Shipboard oil pollution emergency plan) 총톤수 150톤 이상의 모든 유탱커 및 총톤수 400톤 이상의 유탱커 이외의 모든 선박은 주관청의 승인을 받은 '선상기름오염비상계획'을 선내에 비치하여야 한다.

Pump)가 3대 설치되어 있었다. 13시 17분부터 좌현 1번 탱크에서 중앙 1번, 2번, 4번 탱크와 우현 5번 탱크로 순차로 유류이송작업을 시작하여 15시경 이송을 종료하였다. 좌현 3번 탱크는 09시 45분부터 10시까지 IG를 생성하여 각 화물탱크에 주입한 다음, 10시 35분경부터 중앙 3번, 5번 탱크와 우현 3번 탱크로 순차로 기름이송작업을 시작하여 유출이 멈춘 11시 45분경까지 실시하였다.

좌현 5번 탱크는 기름이송 준비를 마쳤을 때 이미 기름유출이 중단된 상태였기 때문에 이송작업을 하지 않았다.

유류이송작업을 실시함으로써 좌현 1번 화물탱크의 이송량 1,322㎥ 및 좌현 3번 화물탱크 이송량 3,745㎥의 합계 5,067㎥ 정도의 추가적인 기름유출을 방지할 수 있었다. 유출의 초기에 신속히 이송을 시작하였으면 더 많은 유출을 막을 수 있었다.

화물유출량 계산[13]

계측시기	Bbls	K/L	M/T
(A) 적재량(최종선적지 출항 전 검정보고서)	1,903,553	302,640,780	263,944,577
(B) 사고 후 대산항 입항시 검정보고량	1,799,328	286,070,327	249,544,411
(C) 사고 후 대산항에서 부선에 양하량	25,307	4,023,492	3,500,144
차이(유출량) (A)-(B)-(C)	78,918	12,546,961	10,900,022

허베이호의 중동 출항 당시의 화물탱크의 총용량은 315,483.5㎥이고 화물의 총용적은 306,567㎥이었으므로 97.17% 적재하였고, 여유공간은 8,916.4㎥이었다. 손상된 1, 3, 5번 좌현 탱크의 여유공간 1,659.4㎥을 제외하면 전체 여유공간은 7,257㎥이며, 대산항에 도착시 화물의 평균온도는 화씨 89.1에서 65.9°로 떨어져 여유공간은 9,685.46㎥로 넓어졌다. 용적보정계수(VCF) 0.99754[14]를 곱하면 9,661.78㎘에 해당한다.

따라서 이송을 일찍 시작할수록 유출량은 (12,547-9,662)=2,885㎘에 가까워지므로 이송이 매우 중요한 사실을 알 수 있다.

유출 초기, 약5° 경사

기름 이송 중 이너팅[15]

---

13) 중앙해양안전심판원 재결 P44/133, 대한해사검정(KOMSA)의 화물량 검정 시에 5(S) P/V valve가 Open 상태로 고착이 발견되었다.

허베이호의 SOPEP[16]

3.3.3 collision with Fixed or Moving Object
   (고정 또는 이동물체와의 충돌)

* Assess vessels watertight integrity and possible loss watertight integrity(선체의 수밀성과 수밀손상을 평가하라).
* Is there any pollution or risk of pollution and assess best actions to minimise further pollution e.g transfer of cargo or bunkers from damaged tanks to secure tanks(기름 오염의 위험이 있으면 다른 탱크로 옮기는 등 최소화 할 수 있는 수단을 취하라).
* Alerting of coastal states and calling for assistance if appropriate(연안국에 연락하고 적절한 도움을 청하라).

(3)유출탱크내 압력 강화 - IG 공급은 유출촉진

허베이호의 소펩7을 보면 한국선급이 승인한 샘플과 다르지 않다. 즉, 유출탱크의 기름을 비손상 탱크로 이송하는 것이 오염을 줄이는 가장 효과적인 방법이다. 유출된 기름이 바람에 날려 갑판에 뿌려진 상황이라 폭발을 방지한다고 유출탱크에 먼저 이너팅을 하고서 이송하였는데 2심 대전지법에서는 오히려 유출을 촉진시킨 서투른 조치로 지탄을 받았다.

---

14) Table 6A에서 평균 API 30.19, 온도 화씨 65.9°를 기준하여 산출한다.
15) Inerting이란 Inert Gas(IG, 이너트가스)를 화물유 탱크에 넣는 것을 뜻한다.
16) V.Ship - Hebei Spirit SOPEP P39/97
17) OIL TANKER P155~156, 한국해양수산연수원, 세종문화사 2008.2.

화물탱크들에서 이너트가스가 다 빠져 나가도 원유에서 계속 증발되어 원유의 위에 원유가스층이 형성되어 있고 그 농도가 폭발 범위를 초과하는 소위 '투 리치(Too Rich)'이므로 폭발의 위험이 없어[17] 이너팅을 하지 않고 바로 이송하였으면 유출과 해양오염을 대폭 줄일 수 있었다.

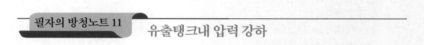

필자의 방청노트 11   유출탱크내 압력 강하

생수가 든 페트 용기를 송곳으로 구멍을 뚫으면 순간 물이 나오다 멈춘다. 생수 위의 공간이 대기압보다 낮은 부압(負壓)상태로 되었기 때문이다. 마개를 열면 물이 구멍으로 나오고 닫으면 멈춘다.

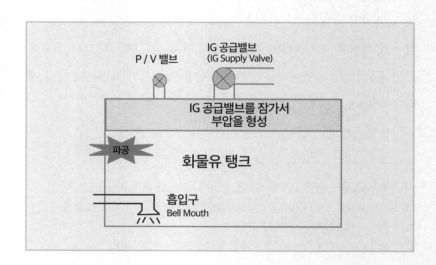

일반적으로는 구멍의 크기와 액체의 표면장력, 점도에 따라 3가지 ①유출정지 ②간헐적 유출 ③계속유출로 나눌 수 있다.

허베이호의 경우 IG 공급밸브(IG Supply Valve)를 잠갔으면 파공이 작은 1(P)는 조금 유출되다 정지하고, 3(P)는 계속유출되나 유출속도가 대폭 느려지고, 5(P)는 파공이 커서 계속유출되었을 것으로 생각되었다.

필지의 방침노트 12 유출탱크의 이너팅 공방

이송 과정을 생각해보면 화물펌프로 흡입구 벨마우스(Bellmouth)는 화물탱크의 바닥 가까이에 있고 그 보다 훨씬 위에 있는 파공으로 공기가 흡입되더라도 더 위의 화물유의 위로 올라가므로 폭발의 위험은 없다. 당시 총톤수 2만톤 이하의 이너트 가스 시스템이 없는 탱커들의 이송을 생각하여도 간단히 답이 나오는 문제이다.

따라서 이너팅하지 않고 즉시 IG 공급밸브를 잠그고 이송을 하였더라면 유출속도가 줄어 더 오랜 시간에 더 많은 양을 이송할 수 있어, 해양오염은 훨씬 감소하였을 것이다.

중해심에서 유출탱크에 이너팅을 지적하자 허베이호 1항사는 대기압보다 낮은 100mmAq로 이너팅을 하였다고 대답하였다.

100mmAq는 메인라인(main line)에서 대기압을 기준한 압력이므로 대기압보다 낮다는 말은 완전히 틀린 말이다. 또 이 메인라인에서 각 화

물탱크로 연결되는 브랜취 라인(branch line)과 IG 공급 밸브를 지나는 과정에서의 압력강하와 5(S) 화물유탱크의 P/V 밸브가 열린채 고착되어 있었던 점을 고려하면 100mmAq로서는 이너팅이 될 수 없는 압력이며, 더구나 파공으로부터 하얗게 분출되어 나올 수는 없다.

IGS 제조사의 표준인 메인라인 기준 약 700mmAq 이너팅 압력을 가한 것으로 보여 유출을 가속시키고 오염이 확대되는 조치가 되었다.

(4)선체의 경사 - 상황 악화로 5° 정도

허베이호는 유출탱크로부터의 유출을 줄이려고 우현으로 약 5° 경사시켰다. 사진에서 보는 바와 같이 유출된 원유가 바람에 날려 주갑판에 뿌려지니 선원들의 통행에 위험하여 선체 경사는 많이 할 수 없었다. 이송의 마지막 단계에서는 넘치지 않도록 이송량을 줄이고 직접 주갑판에 나가 탱크들의 레벨을 측정하여야 하기 때문이다.

예인선단측의 변론서에는 모 연구소의 공학적 계산을 근거로 13.7° 까지 선체경사를 할 수 있는데 경사가 너무 적어 유출량이 증가하였다고 주장하였지만 선박 현장에서는 상황에 따라 차이가 발생한다.

3. 2 오염확대의 진짜 원인

유출이 바로 해양오염으로 되는 것은 아니다. 만약 유출되는 원유를 바지(barge)에 받으면 바다로 떨어지지 않아 해양오염은 없다.

필자는 법원과 중해심의 방청을 통하여 사고의 분석과 해경 본청과 해양환경공학회, 한국환경정책평가연구원 등에서 강의와 발표를 한 후에 "왜 바지에 유출유를 받지 않았을까?"하는 의문이 떠올랐고 해경에 문의해 보니 해경의 자문 요청을 받은 모 전문가가 "정전기 폭발의 위험이 있다."고 하여 해경이 유출을 방치했다고 하여 놀랐다. 해경의 처음 생각대로 바지선에 유출유를 받는 것이 옳았다.

필자의 알짜 팁

유출된 원유는 이란산, 쿠웨이트산, 아랍에미레이트산 중질유 3종으로 API 지수 31.0~33.7(비중 0.856~0.870), 중금속과 뻘을 함유하여 전기전도성이 좋아 정전기의 축적이 없는 'Black oil'이었다.

사고유류에는 중금속 V, Cr, Co, Ni, Cu, Zn, As, Cd, Pb, Hg, Al 등이 이란산, 쿠웨이트산, 아랍에미레이트산에는 각각 총 167, 72, 62ppm 포함되어 전기전도성이 좋아 정전기는 축적되지 않는다.[18]

상대습도가 약 70% 이상되는 환경에서는 파란 불꽃이 튀는 정전기 스파크는 일어나지 않는다. 바다 위는 연중 평균 상대습도가 90% 이상

---

18) 허베이 스피리트 호 유류사고 관련 1차 중장기 건강영향 조사 결과, 태안군 보건의료원, P11 상세한 분석 자료 [표 6]은 P258 에 있다.

이므로 정전기 스파크가 일어나지 않는 환경이다.

정전기 축적이 없으며 정전기 스파크가 없는 환경을 생각하면 당연히 유출되는 원유를 바-지선에 받았어야 했으며, 받았으면 해양오염은 대폭 감소되었을 것이다. 위기에 조언을 줄 전문가 단체가 중요하다.

필자는 2011년 6월 15일 부산해경의 민관합동 방제훈련을 참관하고 2011년 9월 5일 태안해경의 민관합동 방제종합훈련을 참관하였으며, 대산 방제자재비축기지를 방문하여 여러 장비들을 둘러보았다.

사고 이후 해경은 해상에 유출된 유류를 제거하기 위한 방제 자재와 장비들을 정유공장이 있는 인근에 비축하는 한편 민관합동 방제훈련은 물론 파공을 봉쇄하는 장비, 유출유를 바로 수거하여 해상에 떨어지지 않게 하는 장비들의 개발에도 힘써 많은 개선을 이루었다.

필자의 생각으로는 민관합동훈련과 도상훈련을 격년제로 실시하여도 좋을 것이다.

4. 몇 가지 법률적 문제

중앙해양안전심판원과 법원에서 중요하게 다루어지지 않았지만 사고와 상당히 관련된 문제들 몇 가지를 살펴본다.

4.1 예인선단의 삼성중공업 관리자

삼성중공업이 예인선단은 삼성물산으로부터 임차하고 선원들은 보람 주식회사에 아웃소싱(Outsourcing)하였으며, 예인선단은 평소에 전적으로 삼성조선소에서 선체블록을 운반하는 용도로 사용되었으며 안전기준은 삼성중공업의 규정을 따르도록 하였으므로 법률적으로 전체 예인선단의 운항자는 삼성중공업이 된다. 그리고 삼성중공업의 대표이사가 전체 예인선단을 관리할 수 없으므로 대리로 관리할 사람이 있어야 하는데 선정된 관리자가 없었다. 필자는 이를 사고의 한 원인으로 본다.

관리자가 지침들을 만들어 사고예방을 위한 관리를 하는 것이 ISM(국제안전관리시스템)의 기본취지인데 삼성중공업은 법률적 검토가 미비하였다. 사고 후에 삼성중공업 조선소내에 운항통제실(Control Center)를 설치하고 1급항해사 등을 관리자로 채용하여 운영하였다.

4.2 VDR(항해기록장치)의 불법 반출

사고 직후 허베이호의 업무를 맡은 모 회사가 VDR을 불법으로 반출하였다가 5일 후 해경의 요구로 본선에 반환하였다. 사고원인을 조사하는 해양안전심판원에서는 사고 시간대의 자료 삭제에 대한 공방이 벌어졌다. 그 회사는 VDR 반출을 할 것이 아니라 바지선을 불러 유출유를 받아 해양오염을 대폭 감소시켰어야 옳았다.

필지의 방청노트 13

사고가 발생하면 해경은 'VDR Save'부터 챙기고 허락없이 반출하면 증거인멸로 형사 처벌하는 규정을 만들어야 한다. VDR이 있으면 사고 원인을 규명하는데 도움이 되며 장래의 사고예방에도 중요하다.

4. 3 IMO MEPC 60/16[19] 문서에 대한 대응

2008년 12월 10일 항소심 대전지법 판결에 의하여 허베이호 선장, 1항사가 법정 구속되자 허베이측을 지지하는 국제단체 BIMCO, ICS, ITF, INTERTANKO, SIGTTO 등 11개 단체 공동으로 국제해사기구의 환경보호위원회 60차 회의에 2010년 1월 15일 문서를 제출하였다.

문서의 내용은 선장과 1항사는 탱커의 표준 및 최선의 관행적 조치

---

19) IMO(국제해사기구) MEPC(해양환경보호위원회) 60/16(60차 회의 안건 번호 16)을 뜻한다.

(Standard & Best Practice)로 1) 선체의 온전함을 확인하기 위하여 전 탱크의 측심을 하였으며 2) 폭발을 방지하기 위하여 이너팅을 하였는데 선장과 1항사를 구속하였으며 화물 펌프를 최대 속력으로 운전하지 않았다고 비난하였다는 것이었다.

2010년 8월 12일 국토해양부 해사안전정책과의 대책회의에 참석자인 연수원 모 교수와 해경의 모 간부는 필자의 조언을 요청하였다. 다음은 필자의 조언이다.

필자의 알짜 팁

허베이호 사고 - 국제회의 문서(MEPC 60/16) 검토의견

1)배경 및 서론

문단2에서 해양오염 형사재판 1심에서 무죄였는데, 대법원에서 유죄 판결은 잘못된 것처럼 주장하고 있지만 유죄 판결을 받게 된 많은 과실들을 누락하고 있어 옳다고 할 수 없다.

허베이호 선장과 1항사는 해운업계의 표준 또는 관행에 적합하지 않은 많은 행위들을 하였다.

2) 선체 온전성 입증(Verifying Vessel Integrity)과 측심(Soundings) :

필자는 법원과 해심을 10회 방청하였으며 해양오염 형사재판 판결

문 및 중앙해심의 재결서 등 모두를 입수하여 검토하였지만, 어디에도 각 탱크의 측심을 비난하지 않았다.

선체의 온전함이나 손상 여부를 확인하기 위하여 각 탱크의 측심은 반드시 필요하며 그 중요성은 법원, 해심도 부인한 사실이 없다.

다만 측심을 하면서 좌현 1, 3, 5번 화물유 탱크의 IG공급밸브를 잠글 수 있으며, 잠그는데 시간도 5분 정도면 충분한 간단한 일이면서 해양오염을 대폭 줄일 수 있었는데도 그런 조치를 취하지 않은 과실이 해양오염 확대에 대한 유죄 판결의 이유가 되었다.

선장과 1등항해사의 측심을 한국의 법원이 비난했다는 주장은 옳지 않다.

3)충돌 이후의 안전 조치-이너트 가스:

법원과 중앙해심의 판결문과 재결서는 해상으로 유출되는 좌현 1, 3, 5번 탱크의 IG 공급밸브를 잠그면 간단히 유출이 정지 또는 대폭 감소되어 해양오염을 감소시킬 수 있으나 오히려 IG를 압력주입하여 유출을 촉진시켰던 사실을 유죄로 판단하였으며, 나머지 화물유 탱크에 폭발방지를 위한 IG 주입을 비난하지 않았다.

국제협약 말폴(MARPOL)에 의한 모든 소펩(SOPEP)에도 유출탱크 내부의 압력을 강하시키라고 되어있으므로 한국 법원의 판단은 옳으며, 허베이호측을 지지하는 주장은 잘못된 것이라 할 것이다.

250

4) 충돌 이후의 오염방지조치(Pollution Prevention Actions Following Collision) - 횡경사와 화물이송(List and Transfer) 한국 법원의 판결문, 중앙해심의 재결서 어디를 보아도 이송하는데 화물 펌프를 최대 속력으로 하지 않았다는 비난은 한마디도 없다.

결론

한국 법원이 유죄로 판단한 주기관 자동감속과 유출촉진은 생략하고, 단순히 탱크의 측심, IG 주입과 Cargo pump full speed 운전 등을 하지 않았음을 유죄로 판단한 것처럼 주장한 것은 사실과 다르며, 옳지 않은 주장으로 생각된다.

필지의 방칭노트 14 — 허베이호의 자동감속과 유출촉진

필자는 연수원의 모 교수와 함께 대전지법의 재판에서는 허베이호의 주기관의 '자동감속'이 충돌의 원인임을 밝히는데 노력하였으며 예인선단이나 허베이호 어느 쪽에도 치우지지 않은 공정하며 진실되게 노력한 결과 허베이호의 선장과 1항사가 대전지법의 판결에 의하여 법정 구속되었다.

진실되게 설명하지 않는 것은 국가적 재난을 치루면서 진실은 감추어지고 장래의 사고예방에는 아무런 도움이 되지 않는다는 생각에 필자의 양심상 허락되지 않았다.

함께 노력하였는데 이 책의 출판을 보지 못하고 2021년 3월 유명을 달리한 전 한국해양수산연수원 권기생 교수님의 명복을 빕니다.

4. 4 IMO FAL회의[20)

2009년 1월 12일 IMO FAL 회의 중 우리나라 정부대표단(런던 대사관 임기택 국장, 심판관 정형택, IMO 파견관 김창균 등)은 비공식 모임에서 인도, 중국, 바하마, 국제유조선선주협회, 영국 사우스햄턴 선장협회, 브이 쉽 대표들에게 허베이호 사고에 대한 설명회와 질의응답을 하여 허베이호가 충돌에 책임이 없다는 주장이 많이 불식되었다. 주기관 자동 감속과 인묘의 관계에 대한 설명이 주효하였을 것이다.

---

20) FAL(해상교통간소화위원회) 삼성 예인선단 - 허베이 스피리트 충돌·오염 사건 심판백서 P247~248, 한국해양대학교. 2011. 12.

2010년 4월 11일 임기택 국장에게 허베이호 기관의 '자동감속'의 문제점을 설명하는 메일을 보냈는데, "감사합니다. 허베이 관련 기술사항은 해심에서 많이 다루어 졌지만, 선배님이 지적하시는 사항은 다루어지지 않았던 것 같습니다. 다음 대책회의시 연락드리겠습니다. 도와주시면 감사하겠습니다. 임기택 드림"의 메일을 4월 12일 수신하였다.

* 임기택님은 현재는 흔히 세계 바다의 대통령이라 불리는 유엔의 국제해사기구(IMO)의 자랑스러운 한국인 사무총장이다.

충돌에서 허베이호의 책임에 대한 대법원의 판결을 소개한다.[21]

"해상교통안전법 등에 의하면, 선박은 주위의 상황 및 다른 선박과 충돌할 수 있는 위험성을 충분히 파악할 수 있도록 시각·청각 및 당시의 상황에 맞게 이용할 수 있는 모든 수단을 이용하여 적절한 경계를 하여야 하고, 원칙적으로 정박선이 항행선과의 충돌 위험을 회피하기 위하여 먼저 적극적으로 피항조치를 하여야 할 주의의무를 부담하는 것은 아니지만 이미 충돌 위험이 발생한 상황에서 항행선이 스스로 피항할 수 없는 상태에 처해 있다면 정박선으로서도 충돌 위험을 회피하는 데 요구되는 적절한 피항조치를 하여야 할 주의 의무가 인정되는 것이다

---

21) 대법원 판결 2008도 11921 2009. 4. 23. P8~9, 가. 해양오염방지법 위반 등

(대법원 1984. 1. 17. 선고 83도 2746 판결 등 참조). 또 과실범에 관한 이른바 신뢰의 원칙은 상대방이 이미 비정상적인 행태를 보이고 있는 경우에는 적용될 여지가 없는 것이고, 이는 행위자가 경계의무를 게을리하는 바람에 상대방의 비정상적인 행태를 미리 인식하지 못한 경우에도 마찬가지이다. 나아가 결과 발생에 즈음한 구체적인 상황에서 요구되는 정상의 주의의무를 다하였다고 하기 위해서는 단순히 법규나 내부지침 등에 나열되어 있는 사항을 형식적으로 이행하였다는 것만으로는 부족하고, 구체적인 상황에서 결과 발생을 회피하기 위하여 일반적으로 요구되는 합리적이고 적절한 조치를 한 것으로 평가할 수 있어야 한다."

- 중략 -

"통항이 빈번한 차폐되지 않은 해상에 원유 약 302,640㎘(약 263,994t)를 실은 단일선체선박인 허베이호를 정박시킨 이상, 1등 항해사이자 사고 당시 당직 사관이던 피고인은 육안 및 알파(ARPA) 레이다 등 항해 장비를 이용하여 근접하여 진행하는 선박이 있는지를 잘 살펴 허베이 호와의 충돌 위험성 등을 파악하고 교신을 통하여 상대 선박으로 하여금 충분한 거리를 두고 안전하게 통과하도록 하거나 상대 선박이 항해 능력을 잃거나 심각하게 제한되어 있는 것으로 의심될 경우에는 신속히 허베이호의 기관을 가동하고 닻을 올려 정박 장소로부터 이동하는 등 충돌을 피할 수 있도록 즉시 선장을 호출하여야 함에도 이를 게을리한 과실이 있고, 선장인 피고인 3로서는 정박 중에도 주기관을 준비상태에 두도록 조치하고 당직사관의 적절한 임무 수행을 독려하며 호출을 받아 선교에 올라온 후에는 정확하게 상황을 파악하고 상대 선박과의 교신 등을 통하여 충돌을 막기 위하여 협력하여야 함은 물론 상대 선박의 항해능력 장애로 인하여 충돌 위험이 발생한 때에는 신속히 강한 후진 기관을 사용하는 등 충돌을 피하기 위한 적극적 조치를 취하여야 함에도 이를 게을리한 과실이 있으며, 위 피고인들의 위와 같은 과실이 이 사건 예인선단 선원들의 과실과 경합하여 예인선단과 허베이호가 충돌 하기에 이르렀고, 다시 위 피고인들은 충돌 이후 기름 누출을 최소화하기 위하여 손상된 탱크의 기름을 손상되지 않은 탱크로 최대한 이송하고 기름유출탱크의 내부압력을 강하하며 평형수 조절 등으로 기름의 추가 유출방지를 위한 최적의 상태를 조성하여야 함에도 이를 게을리한 과실 등이 인정된다고 판단한 것은 위 법리에 비추어 정당하고, 거기에 증거에 의하지 아니하거나 합리적인 의심이 없는 정도의 증명에 이르지 아니하였음에도 공소사실을 인정한 위법 또는 증거평가에 관한 논리법칙·경험법칙을 위반하여 자유심증의 한계를 넘어선 위법은 보이지 아니한다.”

5. 충돌 및 오염사고의 교훈(제도 개선)

5.1 생명과 환경보호를 위한 안전기준 개선
해양수산부는 특히, 예인선단에 관한 설비 및 운항에 관한 규정 등을 검토하여 중장기계획을 세워 안전기준을 선진국 수준으로 개선하여, 사전에 잘 준비하여 사고를 당하지 않도록, 사고를 당하더라도 재난으로 확대되지 않아 생명과 환경을 보호하는 정책의 개선이 이루어지기를 바란다.

앞에서 말한 바와 같이 예인선단의 충분한 예인력 확보, 긴급시 긴급피난항 지정, 예인선단에 대한 항해안전관리 체제 확립, 예비 예인삭, 충돌 완충재로서의 방충재 등이 설비 등의 관한 규정이라면 통신 유지와 담당 항해사의 소양 부족은 교육에 관한 사항이다.

5.2 검사의 수준 향상

현장에서 검사자는 사전에 안전을 위한 적은 투자가 큰 손해를 예방한다는 인식을 전하는 '안전문화 전파자'의 역할을 다하자!

앞의 예처럼 안전과 직결되는 예비 예인삭, 기관의 경보와 안전장치가 양호한 상태로 유지 여부의 확인도 검사원의 주요한 업무이다.

5.3 항해당직의 철저

어떤 이유에서든 당직을 철저히 보는 기본은 지켜져야 한다. 안전을 지키는 첫 단추이자 사고로 빠져드는 길이기도 하다. 사고 후에 뼈저린 후회하여도 소용없다. 사전에 수습할 시간을 충분히 가지는 것은 철저한 당직이다.

5.4 신속한 신고

사고를 당하여서는 빠른 신고를 명심하자. 바다라는 자연 앞에 인간은 무력하지만 국가기관인 해양경찰의 도움은 사고를 가볍게 해준다.

5.5 정부기관의 전문성 제고

정부기관인 해양안전심판원과 해양경찰도 전문성을 높여야 할 점을 찾아 노력하여야 한다. 사고의 원인을 잘 밝히는 전문성을 높이면 장래의 사고의 예방할 수 있는 제도개선으로 이어질 것이며, 바다에서 적절히 대응하는 전문성을 높이면 사고의 영향을 최소화할 수 있다. 2009년 당시 대산지방해양항만청 임송학 청장님이 목포해양대학교와 함께'대산항 해상교통 안전관리방안 검토용역'을 통하여 탱커의 묘박지를 안전한 곳으로 옮긴 것은 시의적절한 행정으로 생각되었다.

선박의 회사와 선원들도 소펩(SOPEP) 외 좌초나 화재발생 등의 비상계획 사항들도 평소 실제를 가정한 훈련을 통하여 사고를 당하였을 때 도움이 되도록 실효성을 높이는 노력을 하여야 한다.

6. 맺는말

필자는 우연한 호기심으로 법원 방청을 한 것을 계기로 아는 지식과 경험을 동원하여 사고의 원인을 정확히, 진실되게 밝혀서 장래의 사고를 예방하겠다는 생각에서 관여하였는데 결과에 필자는 많이 놀랐다.

사실 오랜 승선 중에 필자보다 훨씬 훌륭한 선배님과 후배들도 만났고 함께 근무한 것을 기쁘게 생각하고 있다.

허베이호의 해수부 파견 감독관이 선박 현장의 전문가 인력풀에서 전문가를 대동하고, 계속 조언을 받았으면 큰 도움이 되었을 것이다. '현장 전문가 인력풀 제도'의 운영을 적극 권고하는 바이다.

필자는 허베이호 사고에 관하여 2009년 '파워 블로거'의 블로그에 시리즈로 20회 연재하여 사고예방을 통한 환경보호 운동을 하였는데, 이번에 재결서, 판결문과 그 외의 자료를 참고하여 완전히 새로 글을 썼다. 함께 안전하고 깨끗한 바다를 만드는 노력에 도움이 되기를 바라며 이만 줄인다.

〈표 6〉 사고유내(事故油內) 원소 및 중금속의 농도

원소/중금속 종류	단위	이란산	쿠웨이트산	아랍 에미레이트산
C	%	85.0±0.3	84.7±0.04	86.1±0.87
S	%	1.95±0.07	2.70±0.03	2.05±0.12
V	ppm	121±1.9	48.0±2.2	20.2±0.9
Cr	ppm	0.4±0.4	<0.1	<0.1
Co	ppm	0.2	<0.1	<0.1
Ni	ppm	21.0±0.	9.1±0.2	9.7±0.1
Cu	ppm	0.4±0.1	0.2±0.1	0.2±0.1
Zn	ppm	0.23	0.12	<0.1
As	ppm	0.28	0.19±0.06	<0.1
Cd	ppm	<0.01	<0.01	<0.01
Pb	ppm	0.29	<0.01	<0.01
Hg	ppm	<0.01	0.12±0.03	1.63±0.03
Al	ppm	23.0±11.6	13.6±13.7	1.63±0.03
Fe	ppm	<1	<1	<1
Total Heavy Metals	ppm	167	72	62

허베이 스피리트호 유류 유출사고 중장기 건강영향 1차 조사 결과 11쪽

258

필자는 장기 승선하였는데 현장에서 잘 관찰하고, 기록하고, 연구하는 성품은 아버지로부터 물려받았다고 생각한다. 아버지께서는 20대 때 일본의 최대 공업도시였던 오사카(大阪)에서 가장 큰 시계 수리점에서 사장님을 제외한 일본인 직원 7~8명을 거느린 기사장(技士長)을 하셨고, 함께 합섬회사에서 원사 생산을 위하여 사용하는 노즐(=직경 ¢80mm x 두께 t1.0mm되는 탄탈룸 tantalum에다 직경 ¢0.07mm되는 작은 구멍들이 뚫어져 있음)을 개발하여 큰 합섬회사에 납품하셨다. 아마도 당시에 가장 정밀한 제품을 만드셨던 것으로 생각된다.

대학 졸업에 이어 해군 장교로 2년 3개월을 복무한 후로 상선의 기관사로서 지식 보충을 하기 위하여 일본에서 책을 한 보따리 사기도 하였고, 한국해양대학교와 삼성중공업 도서관에서 선박 장비들의 설계, 조선(造船)공학, 운항, 선급규칙, 국제협약들, IMO 결의들, 해운에 관한 책들을 끊임없이 공부하였었다.

일본 '산코 라인'의 기관장으로 근무하였을 때는 일본 제조사들이 잘못 만들었다고 지적하여 '사과의 편지'를 받은 Sanko의 일본 감독이 필자에게 전해주기도 하였다. 예리한 관찰력과 철저한 선박사고 분석으로 해상 안전에 기여를 할 수 있음은 정밀 제품을 만드셨던 아버지의 DNA를 물려받은 덕분일 것이다.

옥기둥 아버지, 그리운 마음에 옛날 저에게 들려주셨던 얘기를 적었습니다. 상록수 공무원이셨던 장인님도 그립습니다. 평안한 안식을 기도합니다.

〈허베이 스피리트호 해양오염사고 관련 참고 자료〉

1. 인천지방해양안전심판원 재결
   중앙해양안전심판원 재결
2. 서산지원 판결 2008 고단11
   대전지방법원 판결 2008 노1644
   대법원 판결 2008 도11921
3. 삼성 예인선단-허베이호 충돌오염사건 심판백서, 2011.12.
4. 허베이호 유류오염사고 방제부문 백서, 한국해양연구원, 2008.12.
5. 2008 해양경찰 백서
6. OIL TANKER, 한국해양수산연수원, 2008.2.
7. 이너트가스장치 설계지침(日語), 일본 해문당, 1981
8. 1974 해상인명안전협약(SOLAS), 해인출판사
9. 1973/78 해양오염방지협약(MARPOL), 해인출판사
10. 1978 선원의 훈련자격증명 및 당직근무의 기준에 관한
    국제협약(STCW), 해인출판사
11. 선급규칙(한국, 중국, 영국, 일본, 독일, 노르웨이)
12. IMO GUIDE BOOK, 국토해양부, 김인현, 2009.12.
13. IOPC FUND 업무 가이드북, 국토해양부, 김인현, 2009.12.
14. 선박관리업 선진화 및 글로벌화를 위한 연구보고서, 2010.9.
15. 국제환경법, 이재곤 외, 박영사, 2015.6.
16. 국제법 기본조약집, 박덕영, 박영사, 2007.3.
17. 재난관리론 - 이론과 실제, 임현우, 박영사, 2020.8.
18. 산업재해분석론, 김병석, 형설출판사, 2020.9.
19. 위험성평가해설, 정진우, ㈜중앙경제, 2017.9.
20. Guidelines for Safe Ocean Towing, IMO
21. Bitter End 규정, IACS Rec10 Equipment
22. 삼성중공업 예인선단 및 허베이호 변호인 의견서
23. 해양환경공학회, 해양경찰청, KEI 등 발표 자료
24. 판결을 다시 생각한다, 김영란, 창비, 2015.11.
25. 각종 해사 법률, 법제처

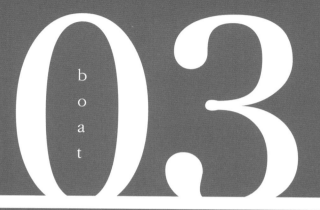

03

b
o
a
t

바다는 겸손하고 준비된 자에게 안전을 허락한다.

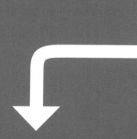

부록

축정렬을 쉽게 맞추는 요령

* 한국해기사협회 발행 '월간 해기 2005년 8월호'에 게재되었던 것을 쉽게 이해되도록 다시 썼다. 필자가 창안한 것으로 선박의 기계 정비에 꼭 필요한 내용이니 많은 도움이 되기를 바랍니다.

1. 들어가며

선박에는 많은 펌프와 모터들이 있으며, 정비나 검사를 위하여 분해하여 부품을 교환, 조립하는 일은 흔히 있는 일이다. 또 축중심선을 잘 맞추어 주어야 볼 베어링, 메커니컬 실 등 부품을 제 수명대로 오래 사용할 수 있을 뿐만 아니라, 만약 잘 맞추어 주지 않아서, 단기간에 다시 교환을 위한 작업을 해야 하는 정비의 노력과 예비품의 낭비를 예방할 수가 있다.

필자는 부끄럽지만 기관장 초기까지는 축정렬(Shaft alignment)의 방법을 몰라서 고심하다가 그 원리를 알아내어 실제 작업에 적용하였더니 빠르고 정확하여 경탄하였었다. 흔히 사용하는 마그넷 베이스와 다이얼 게이지를 이용하여 축정렬을 쉽고 빠르게 잘 맞추는 방법에 대하여 알아보자.

2. 축 정렬을 맞추는 요령

2. 1 정의와 기준

1) 축 정렬이란 펌프의 축과 모터 축의 두 중심선을 상·하와 좌·우로 맞추는 것이므로 '축중심선 맞추기'와 같은 말이다.
2) 펌프나 모터 어느 것을 분해, 정비하더라도 펌프는 흡입/토출 배관이 움직이기 쉽지 않으므로, 펌프를 기준으로 모터를 움직여 맞추는 것을 원칙으로 한다. 이하에서는 편의상 모터의 정비작업 후에 축 정렬을 맞추는 것으로 설명한다.
3) 축 중심선은 상,하 및 좌,우 방향으로 편차 3/100mm 이내로 맞추는 것을 표준으로 한다.

2. 2 축중심선을 맞추는 순서

1) 모터(펌프)를 분해할 때 그 밑에 들어있는 심(shim, 얇은 동판)들은 혼동이 되지 않도록 번호를 매겨 잘 보관하였다가, 반드시 제자리에 넣은 후 축중심선을 맞춘다.

* 심의 번호는 통상 모터를 고정하는 네 곳의 밑에 들어 있으므로 1, 2, 3, 4 로 구분하면 된다.

264

모터 설치대에 표시와 동판 심에 번호 매기기

2) 테이퍼 핀들도 제자리에 맞추어 가볍게 끼웠다가 빼내면, 모터는
   분해하기 전의 제자리에 가깝게 자리 잡힌다. 그러나 다이얼 게이지
   를 붙여 체크해보면 축 중심선이 의외로 60~120/100mm 정도로 틀리
   는 경우도 많이 있다.

3) 심들을 제자리에 넣고, 커플링과 모터 고정 볼트들도 조인 정상운전
   상태에서 펌프 축 커플링 위에 마그넷 베이스를, 모터 축 커플링 위
   에 다이얼 게이지를 설치한다. 다이얼 게이지는 어느쪽으로도 기울
   어지지 않고 수직이 되게 하고, 적어도 3회전 정도 회전시켜 3.00mm
   가 되게 설정한다.

4) 정상 운전시와 같게, 펌프 및 모터 축을 같이 동시에 회전방향(사람
   쪽이 우현)을 따라 돌리면서 상부-우측-하부 좌측(Top - Stbd - Bottom -
   Port)의 네곳 위치에서 다이얼 게이지 눈금을 기록한다.

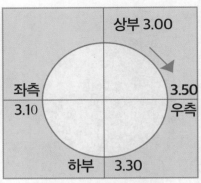

초대형 탱커의 조타기용 모터 베어링 교환 후 축 중심선 맞추기

[예 1] 두 축의 중심선의 상, 하를 맞추기 위하여 상부-하부(Top - Bottom) 각각 3.00/3.30mm이라면 모터 커플링이 밑으로 쳐져 있는 상태이다. 바르게 축 중심선을 맞추려면 위-아래/2 = - 15의 상태이므로 모터의 앞 양쪽에 심 0.15mm 되는 것을 넣어서 올리면 된다.

[예 2] 두 축의 중심선의 좌, 우를 맞추기 위하여 오른쪽으로 각각 3.50/3.10mm이라면 모터가 오른쪽으로 밀린 상태이다. 바르게 축 중심선을 맞추려면 (오른쪽 - 왼쪽)/2 = +20의 상태이므로 모터를 왼쪽으로 20/100mm만큼 이동시켜야 한다.

[결론] 상·하 및 좌·우 어느 방향으로든지 다이얼 게이지가 많이 돌아간 쪽으로 밀려 있으므로, 반대 방향으로 1/2만 이동시키면 된다.

[예 1], [예 2]를 잘 이해하면, 얼마나 모터가 앞으로 숙이고/쳐들고 있

는지와 좌측 - 우측 어느쪽으로 밀려 있는지 순간적으로 판단할 수 있게 된다.

5) [예 1], [예 2]와 같이 반복하여 위 - 아래, 오른쪽 - 왼쪽 어느 쪽으로도 편차가 3/100mm 이내가 되도록 맞춘다.

3. 축 중심선 맞추기의 경험 사례

3. 1 대형 모터의 경우

초대형 탱커(VLCC Tanker)의 조타기용 모터(=170Kw)의 경우에는 자체 중량이 1500kg 정도나 되어 충분히 무거워서, 최종 3/100mm 가까이 맞춰질 때까지는 모터의 전·후, 좌·우 고정 볼트들을 고정시키지 않고 이동하여도 좋았고, 작업은 2시간 정도로 빠르고 수월하게 마쳤다.

3. 2 중, 소형 모터의 경우

모터 자체의 중량이 가벼우므로, 축 중심선을 맞추기 위해 이동할 때 모터를 고정했던 볼트들을 많이 풀면, 조금만 이동시킨다고 하여도 더 많이 움직여져 아래, 위로 올렸다/내렸다 또는 좌, 우로 밀었다/당겼다 하여 잘 맞추어지지도 않고 작업시간이 길어지므로, 모터 고정 볼트들을 적당히 조금만 풀어 이동시켜야 한다.

3. 3 싱가폴 드라이-독

1990년 정도였던 일로 기억되는데, '주롱 히타치 수리조선소'에서 8만톤 탱커의 보조 보일러용 '공기공급 팬' 모터 베어링을 교환하던 때의 일이다. 3등 기관사의 보고를 받고 작업현장에 갔더니, 작업반장이 베어링을 교환하고 축 중심선도 잘 맞추었다고 해서, 얼마냐고 했더니 다이얼 게이지를 붙여서 돌려 보는데 15/100mm나 되었다.

나는 "우리는 3/100mm를 표준으로 맞추는데, 더 잘 맞추어 달라."고 하였더니, 하루 반을 더 걸려 나를 다시 찾았고, 3/100mm 이내임을 확인하고 O.K하였다.

수십 년의 경험을 가진 작업반장이지만 축 중심선을 맞추는 이치를 잘 모르는 것이 틀림없다고 생각되었다.

3. 4 육상 펌프제조회사

필자가 육상의 모 회사에 근무할 때의 일이다. 이름이 잘 알려진 국내의 'S' 펌프회사에서 납품된 펌프가 3개월도 안 되어 베어링 고장이 발생했다는 보고를 듣고, A/S를 해주도록 연락을 함과 동시에, 당시 사내에 납품된 펌프들의 축중심선을 다이얼 게이지를 붙여 점검해 보았더니 최대 50/100mm까지 되는 것도 있어, 펌프 제조회사에 연락하여 축 중심선을 다시 잘 맞추게 하였다.

3. 5 일본인 기관사들

축 중심선 맞추는 이치를 모르면 2~3일 걸려서라도 3/100mm 이내로 맞추어지면 다행이고, 아예 맞추지 못하는 경우도 간혹 보았다. 일본인과 동승했던 우리 선원들의 얘기로는 일본 기관사들 중에도 잘 맞추지 못하는 사람이 있다고 들었다. 그러나 그들은 펌프/모터의 분해정비 후에는 며칠이 걸리더라도 꼭 축 중심선을 맞춘다니 그 정신만은 좋다고 생각되었다.

4. 승선 중 축 중심선 맞추기 교육

축 중심선을 맞추려고 시도해 본 기관사들은 그 어려움을 실감하게 된다. 말로는 간단하지만 실제는 쉽지 않다. 승선 중 필자는 작업전에 미리 기관부 전원에게 원리를 충분히 설명하고 널리 알려지기를 희망하였다.

한국해양수산연수원 인천분원에서

[참고] 사진의 '축중심선 맞추기 교육'은 정규 교육과정이 아니고, 교육생
들의 요청에 의하여 정규교육이 끝난 후에 실시한 것이다.

5. 추가 참고 사항

1) 볼 베어링이 마모되어 제 수명이 되어가는 무렵(25,000~30,000hrs)
에 는 모터의 발열, 진동이 많아지고, 그 가까이에만 가도 '웅 ~ 웅'하는
소리가 작았다 커졌다 맥동하는 경우가 있는데, 이는 회전자(Rotor)와
고정자(Stator)의 간극이 불균일하여 회전중 발생하는 자계의 일부가 찌
그러지는 현상이 반복되기 때문에 나는 소리이며, 청음봉으로 모터 베
어링 소리를 들어보면 '다라락 다라락'하는 소리도 심하게 난다.

'웅 ~ 웅'하는 소리는 모터가 힘들어 앓는 소리로 생각하고 베어링을
가능한 한 빨리 교환해주면 좋다.

2) 모터의 베어링이나, 긴 축이음(shaft-coupling)에는 보통 그리스가
들어간다. 그런데 그리스 건을 그리스 니플에 꽂아 그리스를 주입할 때

는 반드시 헌 그리스가 빠져나오는 '그리스 배출 프라그'나 '그리스 배출 카버'를 열어야 한다. 그렇지 않으면 간혹 그리스가 모터의 고정자 (stator) 코일에 잔뜩 묻어있거나, 긴 '축이음'의 경우에는 축 중심선을 나쁘게 하여 다른 고장의 원인이 되는 경우도 있다.

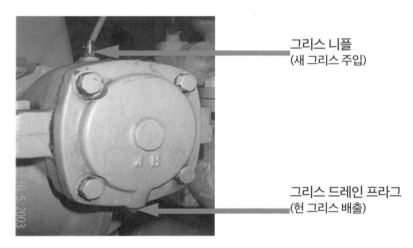

그리스 니플
(새 그리스 주입)

그리스 드레인 프라그
(헌 그리스 배출)

초대형 탱크 승선 중

[주의] 모터나 펌프의 베어링 부위에 그리스를 넣을 때는 먼저 '그리스드레인 프라그'를 열고, 그리스를 넣고서 다시 프라그를 잠그자.

'가르치면 배운다!'는 말이 있다. 1980년대의 일이다. "88서울올림픽" 개최로 영어회화가 중요한 이슈로 떠올랐을 때였다. '민병철 생활영어 1~5'를 보내달라고 회사에 요청하여 8명이 저녁식사 후에 9개월간 열심히 공부하였다. 영어음성학 원서에서 정확히 발음하는 방법을 먼저 공부하여 선원들에게 가르쳐서 발음을 교정하고, 빠르게 말하도록 가르쳤더니 3개월만에 고졸의 기관부원이 귀가 열리고 입이 터져서 외국인과 영어회화가 잘 된다고도 하였고, 타선에서 2등항해사는 약 1개월 가르쳤는데 'VOA 미국의 소리' 방송의 느린 Special English도 못 알아들었는데 정상 속도의 방송이 귀에 쏙쏙 들어온다고 하였었다. 가르치는 방법은 같은데 본인이 복습을 하루 2시간씩 열심히 하였다고 하였다.

2001년에는 승선 실습온 한국해양대학교 학생 2명과 6개월간 짧은 이야기와 영어 뉴스를 열심히 공부하여 연말에 영어뉴스를 '듣고 따라서 말하는 셰도우잉(Shadowing)'을 선원들이 모인 사관휴게실에서 시연하기도 하였었다. 2002년에는 목포해양대학교 실습생들과도 영어 공부를 하였었다. 기회만 되면 나의 공부를 겸하여 실습생들과 즐겁게 영어공부를 하였었다.

272

2001년 영어 뉴스 'Too Many Tires'를 Shadowing하는 한국해양대학교 실습생들

2002년 영어 발음 교정을 설명하는 필자와 목포해양대학교 실습생들

셔틀 보이지 수당의 탄생

이 글은 필자가 2007년 7월 한국해기사협회의 '월간 해기 7월호'에 게재하였던 '셔틀 보이지(단구간 항해, Shuttle Voyage)의 유래와 안전운항'을 다시 쓴 것이다.

필자가 1977년에 일본회사 '산코 라인(Sanko Lines)'의 4만 5천톤 LPG선 '월드 브릿지스톤(World Bridgeston)'의 기관장을 처음으로 시작하여 1987년경 8만톤급 탱커인 '카나디안 아울(Canadian Owl)' 기관장으로 승선하였다.

카나디안 아울의 역사를 살펴보니 건조 4년차였는데, 2년, 3년차에 주기관 피스톤 및 라이너의 파손이 각각 1회씩 있음을 알게 되었다. 그리고 주기관의 컨디션이 아주 좋지 않아 피스톤 발출작업을 한 후 2개월 지났는데 톱링(Top ring) 절손이 발생하는 상태였다. 또한 항차가 아주 짧아 월평균 4항차, 1년에 48항차를 하는지라 선원들은 '쇼트 보이지

274

(Short Voyage) 또는 피스톤 보이지(Piston Voyage)'라고 하였다. 당시 중동~일본 항로의 8만 톤 탱커가 연8항차 하는 것과 비교하면 6배나 많은 항차를 하고 있었다. 잊혀지지 않는 것은 퀴라소 섬에서 원유를 싣고 옆의 아루바 섬까지 데드 슬로우(Dead slow)로 1시간 가서는 원유를 퍼주었으니 세상에서 가장 짧은 항차였을 것이다.

항로는 미국 휴스톤(또는 뉴아크) ~ 아루바(또는 퀴라소, 베네주엘라)인데 길면 10일에 한 항차, 짧으면 35만톤급 초대형 탱커로부터 원유를 받아 정유공장 부두에 갖다주는 소위 '라이터링(Lightering)'을 하면 5일에 한 항차를 하였다. 1년에 48~52항차를 하는 것은 아브로그(Ab-Log)철을 보아 알게 되었다.

필자는 승선하여 며칠 후에 기관부 전원이 모인 '아침 미팅' 시간에 "4년차 신조선에서 주기관 피스톤과 라이너 파손 사고를 매년의 행사처럼 반복할 수는 없으며, 반드시 정상으로 회복시키겠습니다."고 선언하였다. 톱링 절손의 실린더는 2시간 정도의 여유만 있으면 실린더헤드를 분해하여 들어내고 피스톤을 상부의 위치에 올려 절손된 피스톤 링을 교환해 주었다.

주기관의 컨디션 정상 회복을 위하여 세심하게 점검하면서 하나씩 바로잡아 나갔다. 주요한 것들을 들어보면,
① 실린더 주유기의 조정이 잘못되어 있어 천천히 주기관의 컨디션을

계속 자주 점검하면서 주유기 조정을 하였다. 주유율도 날씨가 좋은 날이면 4시간 또는 12시간까지 소비량을 평균하여 정확히 파악하였었다.

② 고온다습의 남미 베네주엘라쪽으로 가면 '공기냉각기'에서 드레인이 많이 발생하는지라 해수냉각수량을 조절하여 기관에 공급되는 공기온도를 50~53℃까지 올려서 습도를 대폭 낮추어 드레인이 들어가지 않게 하였다. 정박 중에 '랜턴 스페이스'에 들어가 라이너의 소기공을 통하여 라이너와 피스톤 링을 점검할 때마다 특히 톱 링을 주의하여 관찰 하고 상태를 기록하였었다. 그리고 실린더 오일이 드레인에 의하여 허옇게 유화(乳化)되어 흘러내리는 것을 보았기 때문이다. 실린더 오일이 유화되면 윤활성능을 잃어버리므로 라이너와 피스톤 링의 마모가 빠르게 되고 특히 톱 링이 끊어지는 원인이 된다.

③ 공기냉각기를 화학세정(Chemical cleaning)하여 실린더 내로 공급되는 공기량이 증가하도록 하였다. 주기관 제조사의 공장에서 행한 공장시 운전기록(Shop Trial Record)을 보면 주기관의 부하 25%, 50%, 75%, 100%에서의 차압을 알 수있다. 항해중에 공기냉각기의 차압과 비교하여 차압이 50% 증가하였으면 화학세정을 하여야 한다. 시기를 놓치면 공기냉각기의 오염이 심하여져 화학세정의 효과가 떨어져 주기관 배기온도 상승의 원인이 된다. 발전기 공기냉각기도 주의해야 한다.

④ 실린더 내로 연료가 분사되는 시기(Fuel injection timing)를 점검하여 공장시운전기록과 같게 조정하였다. 주기관은 'RND 90'이었다. 일

본인 엔지니어로부터 배웠기 때문에 잘 할 수 있었다.

⑤ 연료분사 노즐 즉, 연료 분사기(Fuel injector)들의 정비를 철저히 하여 분사 상태가 좋게 유지하였다.

⑥ 주기관의 과부하운전을 적극 피하였다. 베네수엘라에서 원유를 싣고 좁은 '마라카이보 해협'을 빠져나올 때는 수심이 좋지 않아 배의 스피드가 나지 않는데도 도선사의 요청으로 선장이 기관장인 필자에게 스피드를 올려달라고 요청하였었다. 나의 대답은 "지금 최고로 올려진 것입니다. 수심이 얕으면 스피드가 잘 올라가지 않습니다." 고 하였다. 그리고 잊지않고 아브로그에 '마라카이보 해협'을 완전히 통과하여 스피드가 잘 올라가는 곳까지 시간을 기입하여, 선속(船速) 클레임을 방지하였다.

양호한 연료분사 타이밍, 잘 정비된 연료분사 노즐, 과부하운전 회피, 깨끗한 공기냉각기 등의 조건이 갖추어지면 항해중 주기관 굴뚝에서 검은 연기는 사라지고 맑은 연기가 나는 것을 필자는 항상 유심히 관찰하였다.

특별한 사항도 아니고 기관장들이면 다들 아는 것들을 실천하였을 뿐이었다. 승선하여 7개월이 지난 때에 '피스톤 발출' 정비작업을 하면서 실린더 라이너의 마모율, 피스톤 링의 마모 등이 완전 정상으로 회복되었음을 확인할 수 있었다. 다만 그동안 6배나 바쁜 항차의 탱커에서 처음 기관부 전원에게 선언하였던대로 주기관의 정상회복과 무사고를 이루었던 내면의 성취감은 일생 잊혀지지 않는다. 물론 함께 고생한 기관부 전체에게도 고마운 마음을 간직하고 있다.

한편 승선 후 주기관 컨디션 회복에 많은 노력을 쏟는 중에 필자도 피로가 누적되는 것을 느꼈었다. 한 항차의 내용을 요약한 아브로그(Ab-Log)철을 보면 월평균 입·출항 스탠바이가 30회 되어 매일 한 번씩 스탠바이 한 것으로 된다. 뉴아크의 엑손 정유공장 부두로 가기 위해서는 뉴욕의 허드슨강 입구에서 물때를 기다려 새벽 3시경 스탠바이를 하니 선장님도 "아이구 죽겠다!" 하셨고, 전 선원들이 심한 중노동에 빠진 듯했다.

그러다가 한번 여유가 있어 뉴욕 시내에 나갔는데 타회사의 선원들인데 "같은 항로의 탱커에 근무하며, 자기들은 6개월에 휴가를 받을 수 있으며 늦어도 9개월 이내에는 교대를 시켜준다. 미국선원들이 타는 탱커는 '3개월 승선에 3개월 휴가'라는 얘기를 듣고보니 우린 너무 혹사당하고 있는데도 회사에서 모르고 있는 것으로 생각되었다.

필자는 현 상태로는 모두가 피로가 누적되어 사고의 위험이 높다고 판단되어 같은 항로의 탱커에서 근무하는 타회사 선원들의 휴가제도와 비교하는 내용과 갑판부에는 증원 2명, 사주부에 증원 1명 되어 있었는데, 기관부만 누락되어, 기관부의 증원과 아브로그에서 뽑은 년평균 항차수와 월평균 입출항수 등의 자료도 포함하여 본선의 안전운항을 위한 회사의 특별한 조치를 요청하는 편지를 동경 본사에 보냈다.

승선 1년이 되어 휴가로 집에 왔으나 너무도 피로가 누적되어 식사만 하면 누웠기만 하니까 아내가 아는 한약국에 가서 보약을 지어왔었다. 식사와 보약과 누웠기를 1달가량 하니까 몸이 풀려서 운동도 하러 다녔다. 그리고 본선 카나디안 아울의 전 선원에게 본봉의 10%를 더 주게 되었는데 그 명칭이 '셔틀 보이지 수당'이며 휴가도 1년 이내에 반드시 교대하여 주기로 회사의 방침이 확정되었다고 부산의 회사에서 필자에게 고맙다는 말과 함께 알려주었다.

셔틀이란 정해진 짧은 구간을 왕복하는 전차나 비행기 등을 의미한다. 후에 알게 된 사실이지만 지중해 안에서 2~3일의 항해로 원유를 운송하는 타회사의 한국 선원들도 '셔틀 보이지 수당'을 받게 되었다.

이렇게 안전운항을 위한 필자의 솔직한 보고에 의하여 우리 해운계에 '셔틀 보이지 수당'이라는 명칭이 탄생되었다.

국제해상 사고 예방에 공헌할 항로 표지

항로표지용 평판·파라솔형 태양광발전시스템 비교

조류의 배설물로 오염된 평판   파도의 강타로 파손

파라솔형, 부산 해운대
설치 후 7년 간 손상 없음

◆ 평판으로는 불가능한 한정된 공간에서도 충분한 발전량이 가능하다.

  ○ 2014년 해양수산부 구매조건부 개발품으로 한국과 중국 특허 획득 하였으나 구매 및 매출계획 진행되지 않았다.

◆ 파라솔형은 해상교통안전 확보와 일자리 창출의 일석이조이다.

◆ IMO DE에 제안하면 채택 될 가능성이 높다.

구 분	현행의 평판	개발된 파라솔형
발전량	부족, 배터리 방전의 원인	충분, 평판의 약 2~3배
배터리 수명	약 1년(방전되어 못쓰게 되어 교체)	약 10년
파도에 의한 파손 여부	취약하여 연 1~2회 파손	신설 후 7년간 파손 없음
조류에 의한 오손 여부	배설물로 오손되어 발전량 대폭 감소→배터리 방전	조류가 앉지 못해 오손 없음 발전량 정상 유지, 自淨 기능
경제성(1)	배터리 교체만 연160억원 낭비 *전국 항로표지 약 3,300개	배터리 교체 비용 절감 가능
경제성(2)	유지, 보수용 작업선 및 인원 연 30,404회 (2010.12. 기준)	유지, 보수 대폭 감소 가능
해상 안전	항로표지 기능 상실 연 501회 선박사고 위험 (2010.12. 기준)	세계 선박사고 예방 공헌가능 *IMO에 홍보 필요
육상 적용	대도시 태양광발전 보급 저조 *행정구역별 신재생발전설비,발전량(한전 전력통계속보 2019. 01)	건물 옥상, 근린공원 등 대도시 보급률 향상 가능

◆ 항로표지에 AIS, CCTV, RTU, 안개경적 등의 기능 추가로 선박사고 예방에 탁월한 효과는 증명되었다.

◆ IMO(국제해사기구)를 통하여 세계에 보급하면 국제적 공헌 가능하다.

◆ 항로표지의 종류에는 등대, 등주, 등표, 등부표, 도등이 있으며 해상에 설치되어 있는 것은 국가 및 사설 포함 약 5,300개이다.

◆ 항로표지의 조류 배설물 소제, 평판 태양광 및 배터리의 교체는 해수부에서 관공선을 이용하여 주기적으로 시행한다.

파라솔형 육상 적용 사례

◈ 최소의 공간을 활용하여 대도시에서도 환경파괴가 없는 신재생에
너지 보급률 향상 가능하여, 기후변화 대응에 최적화된 개발 특허
제품이다.

도로의 교통신호   공원의 쉼터 겸 야간 조명

세월호, 허베이호 해상재난
- 과학적 해부와 제도개선 -

지은이 | 정대진
만든이 | 하경숙
만든곳 | 글마당

책임 편집디자인 | 정다희
(등록 제2008-000048호)

만든날 | 2022년 3월 15일
펴낸날 | 2022년 4월 20일

주소 | 서울시 송파구 송파대로 28길
전화 | 02. 451. 1227
팩스 | 02. 6280. 9003
홈페이지 | www.gulmadang.com
이메일 | vincent@gulmadang.com

ISBN 979-11-90244-32-9(03500)   값 20,000원